Hugo Wilhelm Conwentz

Die Eibe

Ein aussterbender Waldbaum

Hugo Wilhelm Conwentz

Die Eibe
Ein aussterbender Waldbaum

ISBN/EAN: 9783743326149

Hergestellt in Europa, USA, Kanada, Australien, Japan

Cover: Foto ©berggeist007 / pixelio.de

Manufactured and distributed by brebook publishing software (www.brebook.com)

Hugo Wilhelm Conwentz

Die Eibe

DIE EIBE IN WESTPREUSSEN,

EIN AUSSTERBENDER WALDBAUM.

VON

H. CONWENTZ.

MIT ZWEI TAFELN.

DANZIG.
COMMISSIONS-VERLAG VON TH. BERTLING.
1892

Vorwort.

Wie die Pflanzenwelt im Allgemeinen, sind auch die Wälder seit ihrem ersten Erscheinen auf der Erde einer fortdauernden Wandelung unterworfen gewesen. Wenn wir in Deutschland bis in die ältesten geologischen Perioden zurückblicken, finden wir fremdartige Baumtypen, welche heute überhaupt oder wenigstens aus Europa gänzlich verschwunden sind. In Westpreussen gehören die frühesten Ablagerungen der jüngsten Kreidezeit, dem sog. Senon, an. Damals wurde der grössere Theil unserer heimathlichen Provinz von Wasser bedeckt, auf dessen Grund zahlreiche Spongien, Korallen, Brachiopoden und Austern lebten, und in welchem sonst noch verschiedene Belemniten, Saurier, Rochen und andere eigenartige Thiere frei umher tummelten. Die Gestade dieses Meeres säumten Wälder Cypressenähnlicher Bäume ein, deren Holz später theilweise einem Verkieselungsprocess unterlag und, Dank diesem Umstande, in vorzüglicher Erhaltung auf uns gekommen ist. Als dann im Beginn der Tertiärperiode, während des Eocens, ein grosses Festland von Skandinavien südlich bis zum Samland und bis in den nördlichen Theil unserer Provinz, wahrscheinlich auch noch weiter nach Westen hin sich erstreckte, grünten hierauf die herrlichen Bernsteinwälder, deren Flora und Fauna in einzelnen Stücken im Succinit und in anderen Baumharzen jener Zeit auf das Schönste erhalten sind. Damals bildeten Kiefern und Fichten, wenigstens örtlich, den Hauptbestand, und daneben wuchsen immergrüne Eichen, Kastanien, Lorbeer- und Zimmtbäume, Magnolien und Palmen — durchweg Formen, wie sie jetzt hauptsächlich im südlichen Theil der gemässigten Zone und im subtropischen Gebiet wiedergefunden werden. Einem jüngeren Abschnitt der Tertiärperiode gehören die aus ähnlichen Nadel- und Laubhölzern zusammengesetzten Braunkohlenwälder an, deren Holz- und Blattreste an zahlreichen Orten in der Provinz, bisweilen, wie bei Rixhöft im äussersten Norden, in grosser Mächtigkeit zur Ablagerung gelangt sind.

Als später das nordische Eis weiter südlich vordrang und auch unsere Gegend wiederholt bedeckte, wurde jegliche Vegetation fast vollständig vernichtet, und nur am Rande der Eismassen konnten einige Sträucher und Bäume ihr Dasein fristen. Auch nach der Eiszeit, solange das Klima hier sich noch nicht gemildert hatte, waren Zwergbirken und Polarweiden, sowie andere hocharctische Sträucher, die einzigen Vertreter des Waldes. Sie umgaben die Ufer kleiner Landseen und lieferten die Hauptnahrung für das Ren und die wenigen anderen Säugethiere damaliger Zeit. Hier wurden ihre abgestorbenen Blätter und Zweige ins Wasser hineingeschwemmt und, nebst anderen organischen Gebilden, auf dessen Grund abgelagert; so finden wir heute die Reste der glacialen Flora in den, viele ehemalige Seebecken unseres Gebietes ausfüllenden, Muschelmergeln und Süsswasserthonen wieder.

VORWORT

Wie vordem sind auch in postglacialer Zeit fortwährend Veränderungen in der Zusammensetzung der Wälder vor sich gegangen, und in mehreren Ländern bezw. Landestheilen, wie in Schweden, Dänemark, Schleswig-Holstein, Frankreich u. a., hat man bereits eine bestimmte geologische Folge verschiedener Baumarten nachweisen können. Hinsichtlich unserer Provinz wissen wir, dass einst Eichenwälder an manchen Orten gestanden haben, wo sie heute nicht mehr vorhanden sind, wie z. B. im ganzen Weichsel-Nogat-Delta und in manchen Oedländereien der Kassubei. Leider fehlt es aber bislang an einer planmässigen Untersuchung der westpreussischen Moore, wodurch hauptsächlich ein sicherer Aufschluss über den Wechsel der Baumvegetation von der Eiszeit bis zur Gegenwart zu erwarten wäre. Dieser Wechsel vollzieht sich gewöhnlich sehr langsam und innerhalb so grosser Zeiträume, dass man ihn nicht unmittelbar beobachten kann, und es giebt nur vereinzelte Fälle, in denen sich das Vor- oder Rückschreiten einer Species sichtbar, gewissermaassen vor unseren Augen, abspielt.

Ein ausgezeichnetes Beispiel für das allmähliche Zurückgehen einer Baumart in der Jetztzeit bietet die Eibe, *Taxus baccata* L. Daher erscheint es mir wünschenswerth, zunächst innerhalb eines englbegrenzten Gebietes, das Vorkommen derselben in Gegenwart und Vergangenheit, sowie die Bedingungen eines freudigen Gedeihens, kennen zu lernen, um hieraus die Ursachen ihres Schwindens ableiten und daran etwaige Vorschläge zu ihrer örtlichen Erhaltung anschliessen zu können. Eine solche Arbeit kann zweckmässig nicht lediglich vom botanischen Standpunkt aus unternommen werden; es ist vielmehr erforderlich, dass daneben die palaeontologischen und archaeologischen Funde berücksichtigt und überdies auch die geschichtlichen Quellen benützt werden. Die Untersuchungen in unserer Provinz sind zu einem relativen Abschluss gediehen, und das Ergebniss derselben wird in dieser Abhandlung mitgetheilt. Ich betrachte letztere nur als Vorarbeit zu einer umfassenden Darstellung des Vorkommens der Eibe in jetziger und vergangener Zeit im ganzen Staat oder Reich und ich wünsche, dass nach dem Vorgang in Westpreussen diese Untersuchungen auch in anderen Provinzen bezw. Landestheilen bald zur Ausführung gelangen möchten.

Es ist mir eine angenehme Pflicht, in erster Reihe dem Königl. Oberpräsidium der Provinz Westpreussen, sowie den Königl. Regierungen zu Danzig und Marienwerder für die lebhafte Theilnahme und Förderung der vorliegenden Arbeit meinen gehorsamsten Dank hierdurch auszudrücken. Sodann spreche ich den Herren Forstmeistern, Oberförstern, Revierförstern und Förstern, welche zum Theil ausführliche Auskunft mir ertheilt und auch in ihr Revier mich begleitet haben, meinen verbindlichsten Dank aus. Endlich bin ich den Herren: Professor Dr. P. Ascherson und Sanitätsrath Dr. M. Bartels in Berlin, Dr. W. J. Behrens in Göttingen, Geheimen Regierungsrath Professor Dr. Ferd. Cohn in Breslau, Regierungs- und Forstrath Feddersen in Marienwerder, Professor Dr. Luerssen in Königsberg i. Pr. und Rittergutsbesitzer A. Treichel in Hoch-Paleschken, Kr. Berent, vornehmlich für Mittheilung ihrer einschlägigen eigenen Beobachtungen, zu aufrichtigem Danke verpflichtet.

Danzig, im März 1892.

Der Verfasser.

Inhalt.

Vorwort III
Einleitung 1
Geographische Verbreitung der Eibe, besonders in Deutschland. Vorkommen. Rückgang. Methode der nachfolgenden Untersuchung.
I. Abschnitt. Beschreibung der Eiben-Standorte in Westpreussen.
Allgemeines 11
  A. Regierungsbezirk Danzig:
    Kreis Karthaus 13
      1) Steinsee 13
      2) Wygoda 14
      3) Miechutschin 15
    Kreis Berent 15
      4) Lubianen 16
      5) Sommerberg 18
    Kreis Pr. Stargard 19
      6) Eibendamm 19
  B. Regierungsbezirk Marienwerder:
    Kreis Marienwerder 21
    Kreis Schwetz 21
      7) Eichwald (Chirkowa) 21
      8) Neuhaus 22
      9) Lindenbusch Ziesbusch) 23
      Lowinek 27
    Kreis Tuchel 29
    Kreis Konitz 29
    Kreis Schlochau 30
      10) Georgenhütte (Dickwerder) 31
      11) Kleiner Ibenwerder 32
      12) Grosser Ibenwerder 32
    Kreis Dt. Krone 34
II. Abschnitt. Allgemeine Beobachtungen über die Eibe in Westpreussen.
  A. Verbreitung und Vorkommen der Eibe 34
  B. Grösse und Alter der Bäume 43
  C. Volkstümliches 51
  D. Rückgang und Ursachen desselben 59
  E. Vorschläge zur örtlichen Erhaltung 65
Tafelerklärungen.

Einleitung.

Die Eibe *Taxus baccata* L. — ist der einzige Vertreter der Taxaceen in Europa, während alle übrigen Glieder dieser Familie gegenwärtig nur in Nordamerika, Ostasien, und Australien vorkommen. Sie ist nahezu über unsern ganzen Erdtheil verbreitet und geht in Schottland bis zum 58°, in Norwegen bis zum 62°, in Schweden bis zum 61° und auf den Ålandsinseln bis zum 60° n. Br. Von hier verläuft ihre Grenzlinie in Russland durch den westlichsten Theil Estlands und Livlands steil nach Süden, weiter durch die Gouvernements Grodno, Volhynien, und Podolien, bis zur Südspitze der Krim und quer über den Kaukasus. Nach Köppen[1]) fällt diese Grenze im europäischen Russland mit der Januar-Isotherme von — 4,5° C. zusammen, und *Taxus* gehört daher zu jener ganzen Gruppe von Holzgewächsen, wie *Fagus silvatica* L., *Ilex Aquifolium* L., *Hedera Helix* L., die in ihrer Verbreitung nach N. bezw. NO. durch die Winterkälte beschränkt werden. Oestlich geht unsere Pflanze bis zum Himalaya und Amur, und von einigen Botanikern werden auch die ostasiatischen Arten: *Taxus tardiva* Laws. und *T. cuspidata* Sieb. & Zucc., sowie die nordamerikanischen *T. canadensis* Willd. und *T. brevifolia* Nutt. mit *T. baccata* L. vereinigt. Die Südgrenze verläuft von Spanien über Südfrankreich, längs der Alpen und Apenninen bis nach Sardinien und Sicilien, sodann über Griechenland bis nach Kleinasien. Ausserdem findet sie sich auch auf den Azoren und Madeira, sowie in Algerien.

[1] Fr. Th. Köppen Geographische Verbreitung der Holzgewächse des europäischen Russlands. II. Th. Petersburg 1889, S. 381.

Was die Verbreitung von *Taxus baccata* L. in Deutschland betrifft, so begegnet man in der einschlägigen Literatur gewöhnlich der Angabe, dass der Baum hauptsächlich in Pommern, Hannover und Thüringen vorkommt[1]). Dies ist wohl lediglich auf den Umstand zurückzuführen, dass durch Seehaus[2]), Roese[3]) u. A. gerade aus jenen Gegenden einige Eiben-Standorte ausführlicher beschrieben sind. Wenn wir aber Umschau halten, finden wir noch manche andere Gebiete, welche in dieser Beziehung den genannten ebenbürtig sind, und auch die Provinz Westpreussen, wie wir sehen werden, steht jenen keineswegs nach.

In Schleswig-Holstein[4]) ist *Taxus* ausgestorben und in Mecklenburg existiren seit langer Zeit nur noch ein bzw. zwei Exemplare in der Rostocker Heide[5]). Auch in der Mark Bran-

[1] M. Willkomm. Forstliche Flora von Deutschland und Oesterreich. Leipzig 1887, S. 275. — P. Hoeck. Die Flora der Nadelwälder Norddeutschlands, Die Natur, 41. Jahrg. 1892, S. 69 u. A.
[2] C. Seehaus. Ist die Eibe ein norddeutscher Baum? Botanische Zeitung. XX. Jahrgang 1862, S. 33 ff.
[3] A. Roese. *Taxus baccata* L. in Thüringen. Ebd. XXII. Jahrg. 1864, S. 289 ff.
[4] P. Prahl. Kritische Flora der Provinz Schleswig-Holstein. II. Theil. Kiel 1890, S. 269.
[5] C. Fisch u. E. Krause führen in ihren „Notizen zur Mecklenburgischen, speciell der Rostocker Flora" (Archiv des Vereins der Freunde der Naturgeschichte in Mecklenburg, 32. Jahrg. 1878, Neubrandenburg 1879, S. 192) zwei Exemplare an, welche später von Ludwig Krause abgebildet und ausführlich beschrieben sind (Ebd. 39. Jahrg. 1885, Güstrow 1886, S. 163 ff.). Hingegen wird von Emil Krause in der „Pflanzengeographischen Uebersicht der Flora von Mecklenburg" (Ebd. 38. Jahrg. 1884, Güstrow 1884, S. 75) nur eine Eibe erwähnt. Nach freundlicher Mittheilung des Herrn Marine-Stabsarzt Dr. E. Krause in Kiel steht das zweite Exemplar nicht im Freien, sondern in einem Garten, gilt aber für älter als dieser.

2 EINLEITUNG.

denburg[1]) scheint der Baum gegenwärtig nicht mehr lebend vorzukommen, sofern man nicht die beiden stattlichen Exemplare am Portal der Rückfront des Herrenhauses in Berlin (W. Leipziger Strasse 3) als Ueberreste eines ehemaligen Urwaldes ansehen will. Von P. Taubert[2]) ist zwar aus einem Grasgarten in Kostebrau ein etwa 12,5 m hoher Eibenbaum, den er für wild hält, beschrieben worden, indessen hat Ascherson auf einer mit P. Taubert 1887 gemeinsam ausgeführten Excursion dorthin die Ueberzeugung gewonnen, dass dieser Baum künstlich angepflanzt ist[3]). Ebenso fehlen aus Posen sichere Angaben über spontanes Vorkommen der Eibe, jedoch dürfte es nicht unwahrscheinlich sein, dass sie in entlegenen und bislang weniger durchforschten Theilen dieser Provinz später noch aufgefunden werden wird. Ritschl[4]) sagt „bei uns wohl nur angepflanzt, wild in Bergwäldern", in seinem Handexemplar ist der Standort Goleucin nachgetragen, aber die Bemerkung „angepflanzt" hinzugefügt. P. Ascherson[5]) erwähnt später Taxus aus dem Forstbelauf Balschau im Schubiner (jetzt Zniner) Kreise, aber Herr Gymnasial-Oberlehrer Spribille theilte mir vor Kurzem brieflich mit, dass sie nach Auskunft des Entdeckers

[1] P. Ascherson. Flora der Provinz Brandenburg. Berlin 1864. S. 887. — C. Bolle. Andeutungen über die freiwillige Baum- und Strauch-Vegetation der Provinz Brandenburg. Berlin 1886. S. 79.
[2] P. Taubert. Beiträge zur Flora der Niederlausitz II. Verhandlungen des Botanischen Vereins der Provinz Brandenburg XXVII. Jahrgang 1885. S. 175.
[3] P. Ascherson ist nt. Gleichzeitig berichtigt er, dass der fragliche Baum nur aus einem 7 m hohen Stamm mit Rindenanschlag besteht.
[4] G. Ritschl. Flora des Grossherzogthums Posen. Berlin 1850. S. 214.
[5] P. Ascherson. Studiorum phytographicorum de Marchia Brandenburgensi specimen. Linnaea XXVI. Bd. Halle a. S. 1853. p. 432. „hunc arborem P. pr Halezewo in circulo Szubinensi crescere Cl. Ritschl ab architecto quodam audivit; specimen nondum vidi." Beiläufig sei bemerkt, dass nach brieflicher Aeusserung des Herrn Oberlehrer Spribille an Herrn Professor Dr. Ascherson vom 8. November 1890 mit dem angeblichen „Architecten" der damalige Conducteur, d. i. Feldmesser, und spätere Königl. Vermessungs-Revisor Hübner (inzwischen verstorben) gemeint ist.

Hübner sowie des Königl. Oberförsters dort inzwischen verschwunden ist. Aus den Kreisen Inowrazlaw und Strelno führt Spribille[1]) mehrere Fundorte an, die jedoch seiner eigenen Aussage zufolge durchweg angepflanzte Bäume umfassen. Hingegen tritt die Eibe in Schlesien an zahlreichen Stellen wild auf, wenn auch bisweilen nur in einzelnen Exemplaren; aber nach Ansicht der beiden Forscher Fr. Wimmer[2]) und E. Fiek[3]) ist sie in früherer Zeit viel zahlreicher gewesen. In R. v. Uechtritz' Handexemplar der Fiek'schen Flora, welches der Bibliothek des Königl. Botanischen Gartens zu Breslau einverleibt ist, steht folgender Vermerk: „Glückichsberg bei Neuwaltersdorf so zahlreich, dass das Holz noch zu Tischler- etc. Arbeiten verwerthet wird (Fiek 1882)". Für Westpreussen bieten die Florenwerke und Herbarien nur geringe Auskunft, worauf ich im ersten Theil dieser Arbeit zurückkomme, und betreffend Ostpreussen habe ich nach dem dem Königl. Botanischen Garten zu Königsberg i. Pr. gehörigen getrockneten Material, zwanzig verschiedene Fundorte zusammengestellt. Ausserdem finden sich auch in übrigen Deutschland zahlreiche Eiben-Standorte. W. J. Behrens in Göttingen theilte freundlichst mir mit, dass er Taxus am Südrande des Harzes, wohl soweit der Laubwald reicht, ferner im Wesergebirge, südlich von Holzminden, z. B. im Reinhardswald, bei Sababurg und Münden, sodann bei Berlepsch, Badenstein, Allendorf in Hessen, Heiligenstadt und in der ganzen weiteren Umgegend Göttingens (Plesswald, Tannenberg bei Weende, Deppoldshausen, Hünestollen, Kronsberg bei Gr. Lengden etc.) aus eigener Anschauung kenne. Neuerdings hat J. Trojan[4]) auch die alten Eiben des

[1] Fr. Spribille. Verzeichniss der in den Kreisen Inowrazlaw und Strelno bisher beobachteten Gefässpflanzen mit Standortsangaben. II Wissenschaftliche Beilage des Programms des Königl. Gymnasiums zu Inowrazlaw No. 114. 1889. S. 14.
[2] Fr. Wimmer. Flora von Schlesien. Breslau 1857. S. 167.
[3] E. Fiek. Flora von Schlesien. Breslau 1881. S.533.
[4] J. Trojan. Die Eiben des Hockelbakes. Sonntags-Beilage Nr. 46, 47 und 49 zur National-Zeitung 1890.

Bodethales im östlichen Harz beschrieben. Ferner erinnere ich an das ausgezeichnete Vorkommen bei Kelheim i. Baiern, sowie an dasjenige im Baierischen Walde und in den Baierischen Alpen. Es ist mir nicht zweifelhaft, dass noch in manchen anderen Druckschriften über Localfloren *Taxus* vorkommt, indessen wird man im Allgemeinen gut thun, stets zu prüfen, ob es sich um spontan wachsende oder um angepflanzte Exemplare handelt.

Die Eibe liebt einen frischen, feuchten, womöglich kalkhaltigen Untergrund und wird von manchen Autoren geradezu als kalkstet bezeichnet. So rechnet Unger[1] sie in der Flora von Kitzbühel zu denjenigen Pflanzen, welche „der Kalkformation als der bezeichnendsten unter allen ausschliesslich zukommen", und Watson[2] stellt sie für England, Irland etc. gleichfalls als eine charakteristische Kalkpflanze hin. Wenn wir die Eiben-Standorte in Deutschland betrachten, finden wir in der That, dass die Pflanzen auf Kalkboden vorzüglich gedeihen, wie z. B. auf dem Muschelkalk bei Göttingen, auf dem oberen Wellenkalk des Veronikaberges bei Gotha und auf dem Jurakalk bei Kelheim. Indessen kommen sie anderswo auch auf anderen Bodenarten gut fort, z. B. steht ein Theil der Eiben des Bodethales und der Eiben im Baierischen Walde auf Granit; dies muss A. Roese gegenüber betont werden, welcher anzunehmen geneigt ist, dass *Taxus* nie auf Urgebirge vorkommt[3]). Im Allgemeinen kann man daher sagen, dass der Baum den Kalkboden bevorzugt, ohne aber an denselben gebunden zu sein.

Der bekannte Florist Koch behauptete noch vor dreissig Jahren, dass *Taxus baccata* L. „nur in Gegenden, welche höhere Berge haben, deswegen in Norddeutschland nur

angebaut[1]" anzutreffen ist. Ferner schrieb Röper vor zwanzig Jahren, dass es ungewiss sei, ob die Eibe an der Ostsee ursprünglich oder eingeführt ist[2]). Wennschon aus Seehaus' und Anderer Publicationen hervorgeht, dass wir auch im Flachlande zweifellos spontane Eiben-Standorte besitzen, wird durch die nachfolgenden Untersuchungen von Neuem das Irrige von Koch's und Röper's Ansichten bestätigt. Es sei hier beiläufig bemerkt, dass *Taxus baccata* auch in Gärten und Parkanlagen sehr verbreitet und namentlich in früherer Zeit beliebt gewesen ist, als noch der französische Zopfstil seine Herrschaft ausübte, denn die Pflanze lässt sich beliebig verschneiden und zu Hecken, Figuren u dgl. heranziehen.

Die Eibe ist kein Waldbaum erster Klasse und bildet nirgend den Hauptbestand, vielmehr tritt sie immer nur als Unterholz[3]), einzeln oder in Gruppen, bisweilen in grosser Zahl (horstweise) auf. Wenn M. Willkomm meint, das sie früher „in ganzen Beständen und Wäldern vorgekommen ist[4]" so lässt sich diese Ansicht mit den bisherigen Beobachtungen nicht in Einklang bringen. Aus dieser und aus früheren Veröffentlichungen ergiebt sich, dass *Taxus* auch in ganz entlegenen Geländen, wo sich die natürlichen Verhältnisse seit Jahrtausenden nicht wesentlich geändert haben, nirgend den Hauptbestand ausmacht, sondern immer nur im Nebenbestand auftritt. Es ist nicht nachzuweisen, dass die Bedürfnisse der Pflanze zu einem freudigen Gedeihen ehedem andere als heute gewesen sind. Indessen steht fest — und dies hat Willkomm vielleicht nur ausdrücken wollen — dass *Taxus* früher viel häufiger war, als jetzt.

---

[1] Fr. Unger. Ueber den Einfluss des Bodens auf die Vertheilung der Gewächse. Wien 1836. S. 172.
[2] H. C. Watson. Bemerkungen über die geographische Vertheilung und Verbreitung der Gewächse Grossbritanniens. Uebersetzt von C. T Bellschmied. Breslau 1837. Seite 196, Fussnote 3, und Seite 243.
[3] A. Roese. *Taxus baccata* L. in Thüringen. Botanische Zeitung XXII. Jahrg. 1864, S. 298.

[1] D J. Koch. Synopsis florae germanicae et helveticae. Ed. III. Lipsiae 1857.
[2] Jahrbücher des Vereins für mecklenburgische Geschichte und Alterthumskunde. XXXV. Jahrgang. Schwerin 1870. S. 119.
[3] C. Seehaus. Ist die Eibe ein norddeutscher Baum? Botanische Zeitung. XX. Jahrg. 1862. S. 33. — B. Langkavel. Der Eibenbaum. Die Natur. 41. Jahrg. Halle a. S. 1892. S. 55. u. s. w.
[4] M Willkomm, Forstliche Flora. Leipzig 1887. S. 275.

Was zunächst Deutschland anlangt, so berichtet Caesar[1], dass Catuvolcus, ein König der Eburonen, als er an seiner Lage verzweifelte, sich durch *Taxus*, der in Gallien und Germanien sehr häufig ist, das Leben nahm. Ferner deutet noch ein anderer Umstand darauf hin, dass die Eibe in der Vergangenheit viel zahlreicher in Deutschland gewesen ist, als jetzt. Wo die ursprüngliche Pflanzenwelt schon längst von ihrem Boden durch die Cultur verdrängt ist, kann man bisweilen noch aus örtlichen Bezeichnungen auf einzelne Glieder der alten Flora schliessen. Es finden sich nun Silben, wie Eib, Ib, Ueb, Iw, Yw, Cis[2] und Tax in vielen Ortsnamen, zum Theil auch in Gegenden wieder, wo die Pflanze heute garnicht mehr vorkommt[3]. Indessen muss daran erinnert werden, dass nicht alle diese Namen mit Sicherheit das jetzige oder ehemalige Vorhandensein von Eiben dort beweisen, denn beispielsweise wurde in manchen Gegenden früher unter Iwenholz, poln. Iwa oder Iwina, nicht *Taxus*, sondern eine Art Sahlweide (*Salix*) verstanden[4]. Immerhin können diejenigen Örtlichkeiten, in deren Namen jene Silben vorkommen, als Eiben-verdächtig angesehen werden.

Wenn wir einzelne Landestheile in Deutschland in Betracht ziehen, so liefern Seehaus und Roese den Nachweis, dass die Pflanze in Pommern und Thüringen eine entschiedene Abnahme und Neigung zum Verschwinden zeigt. In der Mark Brandenburg kam sie noch im 17. Jahrhundert bei Linum und Gorne unweit Fehrbeck, und noch im 18. Jahrhundert in den Oranienburger und Degtower Forsten vor[1]. Hinsichtlich Schlesiens berichtet Casp. Schwenckfeld im Jahre 1601, dass *Taxus* in den meisten Gebirgsthälern vorkomme[2]; jetzt ist sie dort gleichfalls selten geworden. In Ostpreussen wächst sie nur südlich vom Pregel, und zwar in Strauchform, während sie ehedem auch in starkeren Exemplaren nördlich desselben aufgetreten ist[3]. Bock erwähnt im Jahre 1785, dass der Baum in Preussen, d. i. Ost- und Westpreussen, nur selten ist, aber vormals häufiger war[4]. Weiter findet sich in vielen Werken über Localfloren, sofern sie überhaupt *Taxus baccata* L. enthalten, eine Angabe darüber, dass diese Pflanze im Gebiet allmählich zurückgeht.

Ähnlich verhält es sich auch in anderen Ländern, ausserhalb Deutschlands. In Russland deuten viele Ortsnamen auf die Eibe hin, und es ist bemerkenswerth, dass für dieselbe zwei russische Bezeichnungen existiren, nämlich Tiss (poln. Cis) und Negnoi[5]. In Polen war sie schon im 14. Jahrhundert selten geworden[6], und auch in Galizien geht sie mit raschen Schritten ihrem Ende entgegen[7].

---

[1] Caesar, Bell. gallici lib. VI. cap. XXXI.: „Catuvolcus, rex dimidiae partis Eburonum, qui una cum Ambiorige consilium inierat, aetate iam confectus, cum laborem belli aut fugae ferre non posset, omnibus precibus detestatus Ambiorigem, qui ejus consilii auctor fuisset, taxo, cujus magna in Gallia Germaniaque copia est, se exanimavit."

[2] Cis ist die polnische Benennung der Eibe, vgl. t. Rzączyński: Historia naturalis curiosa regni Poloniae. Sandomiriae 1721. pg. 204.

[3] Eine Aufzählung solcher Ortsnamen findet sich z. B. in den angeführten Abhandlungen von C. Seehaus und R. Langkavel, ferner in: R. Langkavel, Der Eibenbaum. Unser Vaterland. II. Band. Berlin 1862. S. 236.

[4] G. Rzączyński l. c. pag. 203. „Salix arborescens germ. Iwenholtz, nobis Iwa, Iwina, genus Salicis grandius, ramosum, folio lato, crasso, aspero, ferè cinereo, capetibus a terrariibus."

[1] C. Bolle, Andeutungen über die freiwillige Baum- und Strauchvegetation der Provinz Brandenburg. Berlin 1860. S. 79.

[2] Casp. Schwenckfeld, Stirpium et fossilium Silesiae catalogus. Lipsiae 1601. pag. 365. „... pleriique nontium convallibus arborescit."

[3] Sitzungsbericht des Preussischen Botanischen Vereins vom 12. Febr. 1880. Hartung'sche Zeitung vom 9 März 1880. II. Beilage zu No. 58. S. 261.

[4] F. S. Bock, Versuch einer wirthschaftlichen Naturgeschichte von dem Königreich Ost- und Westpreussen. III. Band. Dessau 1785. S. 227.

[5] Negnoi wird von so gniť abgeleitet, d. h. nicht faulen, wegen der grossen Widerstandsfähigkeit des Holzes.

[6] J. Rostafiński, Florae polonicae prodromus. Verhandlungen der K. K. Zoologisch-Botanischen Gesellschaft in Wien. Jahrg. 1872. S. 9.

[7] J. A. Knapp, Die bisher bekannten Pflanzen Galiziens und der Bukowina. Wien 1872. S. 82.

Was das fossile Vorkommen von *Taxus baccata* L. anlangt, so ist wenig Bestimmtes hierüber auszusagen. In Ostpreussen fand R. Klebs einen schwärzlichen Eibenstamm in fast 2 m Tiefe auf dem Grunde eines Torfmoores im Belauf Pfeil, Kr. Labiau[1]), und P. Flieche wies *Taxus* in der Kiefernschicht der Torfsümpfe der Champagne[2]) nach. In den irischen Torflagern tritt bisweilen eine grosse Menge von Stämmen und Wurzeln verschiedener Bäume, darunter auch *Taxus baccata* L. auf[3]). Zahlreiche Reste wurden in dem pliocenen Waldlager an der Küste von Cromer in England[4]), und Samen dieser Art in den interglacialen Schieferkohlen von Dürnten in der Schweiz entdeckt[5]). Diese und andere Funde weisen allerdings auf ein hohes geologisches Alter der Species hin, aber es geht aus denselben nicht hervor, dass sie früher über ihr jetziges Gebiet hinaus verbreitet gewesen ist.

Nachdem diese allgemeinen Mittheilungen über die Verbreitung und das Vorkommen der Eibe, sowie über den Rückgang derselben, vornehmlich in Deutschland, vorausgeschickt sind, erübrigt noch die Methode der nachfolgenden Untersuchung kurz zu schildern. Angesichts des Umstandes, dass die gedachte Pflanze meistens in sehr entlegenen Gegenden wächst, daneben aber eine gewisse volksthümliche Bedeutung besitzt, konnte die Arbeit von verschiedenen Seiten in Angriff genommen werden. Zunächst hielt ich auf Reisen in die Provinz an geeigneten Orten Umfrage nach der Eibe, indem ich gleichzeitig frische Zweige und alte Holzstücke derselben vorzeigte. Sodann benützte ich meine Anwesenheit in den amtlichen Seminar- und Kreis-Lehrerconferenzen, um die Aufmerksamkeit der Volksschullehrer auch auf diesen Gegenstand hinzulenken. Weiter suchte ich diejenigen Gegenden auf, wo die eine oder andere locale Bezeichnung auf unsere Pflanze hindeutet. In dieser Hinsicht sind in unserer Provinz besonders folgende Ortsnamen beachtenswerth: Eibendamm im Kreise Pr. Stargard und Eibenhorst im Kreise Schwetz, Ibenwerder (Uebenwerder) im Kreise Schlochau, Iwitz im Kreise Tuchel und Iwitzno im Kreise Pr. Stargard, Ciss im Kreise Berent, sowie Ciss und Cissewie im Kreise Konitz, Cissewo im Kreise Marienwerder und Ziesbusch (oder Cisbusch) im Kreise Schwetz. Ferner hatte der inzwischen verstorbene Ober-Präsident der Provinz Westpreussen, Herr von Leipziger, die Güte, an sämmtliche Königlichen Oberförster beider Regierungsbezirke je einen Fragebogen (s. Seite 7 und 8), betreffend das Vorkommen der Eibe, zu übersenden und das Ergebniss dieser Enquete zur Kenntnissnahme mir mitzutheilen. Im weiteren Verfolg wurden ähnliche Fragebogen an die Verwaltungen der fürstlichen, herrschaftlichen und communalen Forsten in unserer Provinz vertheilt. Auf diese Weise ist ein sehr umfangreiches Material zusammengekommen, welches zum Theil allerdings negative, zum Theil aber auch positive Angaben enthielt, die für die in Rede stehende Untersuchung von Belang gewesen sind. Ich habe es nicht unterlassen, sämmtliche Standorte, welche hierdurch in Erfahrung gebracht wurden, zu besuchen, und daher beruhen die nachfolgenden Schilderungen lediglich auf eigener Anschauung; andere Orts-Angaben, die meinerseits nicht geprüft werden konnten, sind hier nicht aufgenommen. Wenngleich ich redlich bemüht gewesen bin, allen recenten und fossilen Eiben-Standorten in unserer Provinz auf die Spur zu kommen, verschliesse ich mich keineswegs der Ansicht, dass möglicher Weise die Zahl der Fundorte nicht erschöpft ist. Die Art und Weise des Vorkommens macht

---

[1]) Herr Dr. R. Klebs in Königsberg i. Pr. übersandte mir freundlichst eine Probe dieses fossilen Eibenholzes nebst obigen brieflichen Angaben. Vgl. auch den vorerwähnten Sitzungsbericht des Preussischen Botanischen Vereins.

[2]) A. Engler, Versuch einer Entwickelungsgeschichte der Pflanzenwelt, I. Theil, Leipzig 1879, S. 195.

[3]) B. Langkavel, Der Eibenbaum. Die Natur. 41. Jahrg. Halle a. S. 1892, S. 53.

[4]) Cl. Reid, The Pliocene Deposits of Britain. Memoirs of the Geological Survey of the United Kingdom. London 1890, p. 282.

[5]) W. Schimper u. A. Schenk, Palaeophytologie. München und Leipzig 1890, S. 330.

es leicht erklärlich, dass wohl noch später hier und da einzelne Eiben neu entdeckt werden können.

Schliesslich sei noch erwähnt, dass ich beim Beginn der Untersuchungen im Frühjahr 1890 einen kurzen Vortrag hierüber in der Wander-Versammlung des Westpreussischen Botanisch-Zoologischen Vereins zu Schwetz a. W.[1]) und später im Herbst 1891 einen

[1] H. Conwentz. Ueber zwei im Aussterben begriffene Pflanzen. Bericht über die 13. Wander-Versammlung des Westpreussischen Botanisch-Zoologischen Vereins

ausführlicheren Vortrag in einer Sitzung der Naturforschenden Gesellschaft zu Danzig gehalten habe[1]). Sonst ist über diesen Gegenstand meinerseits nichts veröffentlicht worden.

zu Schwetz am 27. Mai 1890. Schriften der Naturforschenden Gesellschaft in Danzig. N. F. VII. Bd. 4. Heft. Danzig 1891. S. 36. — Ref. in der Naturwissenschaftlichen Wochenschrift. VI. Bd. Berlin 1891. S. 426.

[1] H. Conwentz. Ueber die Eibe, einen aussterbenden Baum Westpreussens. Sitzungsbericht der Naturforschenden Gesellschaft vom 2. Dec. 1891. Danziger Zeitung No. 19268.

EINLEITUNG.

**Westpreussisches
Provinzial-Museum.**

Danzig, den 30. October 1890,
ad Journ.-No. 970.

Fragebogen

an die Herren Oberförster der Provinz Westpreussen, betreffend das spontane
Vorkommen der **Eibe,** *Taxus baccata* L.

Beantwortet vom Königl. Oberförster Herrn

in   , Kr.   am   November 1890.

Frage:	Antwort:
A. Tritt die Eibe wild im Revier auf?	
B. Wo? Schutzbezirk, Jagen (District). Bodenart und Bodenbeschaffenheit.	
C. Art des Vorkommens. Ob horstweise rein oder als Unterholz; unter welcher herrschenden Holzart?	

D. Grösse der Horste.

E. Welche Dimensionen erreichen die Eiben? Höhe, Umfang über dem Wurzelknoten und in Brusthöhe.

F. Gelangt die Eibe beim Abtrieb des Hauptbestandes mit zum Abtrieb oder wird sie erhalten?

G. Sind Ihnen wildwachsende Eiben in anderen königlichen, in communalen oder privaten Forsten in Westpreussen bekannt?

H. Sind Ihnen dort oder in anderen Gegenden Westpreussens solche Ortschaften bekannt, deren Namen (zusammengesetzt mit den Silben Eiben-, Iben- oder Cis-) auf das Vorkommen von Eiben in früherer Zeit schliessen lassen?

I. Abschnitt.

Beschreibung der Eiben-Standorte in Westpreussen.

Allgemeines.

Wenn wir die einheimische Literatur überblicken, finden wir erst um die Mitte des vorigen Jahrhunderts eine Publication über das spontane Vorkommen von Eiben in unserer Provinz. Der hochwürdige Prior des Karthäuser Klosters Georg Schwengel berichtet im Jahre 1746 an den Stadtsecretär Klein in Danzig, dass *Taxus* in den Starosteien Mirchau und Berent wächst, und dieses Schreiben wurde zehn Jahre später in den Schriften der Naturforschenden Gesellschaft hierselbst veröffentlicht. Aber diese Notiz hat damals keine Beachtung gefunden und ist daher bald in Vergessenheit gerathen. So kommt es, dass spätere Floristen *Taxus* in unserer Provinz garnicht kennen; z. B. Gottfried Hagen erwähnt in seiner 1819 erschienenen Chloris Borussica wohl mehrere ostpreussische, aber nicht einen einzigen westpreussischen Standort. Der Königl. Preussische Oberforstmeister Jul. von Pannewitz, welcher im Jahre 1829 eine grössere Druckschrift über das Forstwesen Westpreussens herausgab, nennt darin auch mehrere Eiben-Fundorte, nämlich bei Karthaus, Osche, Lindenbusch, Hammerstein und Dt. Krone. Aber auch diese interessante Schrift scheint unseren Botanikern gänzlich entgangen zu sein, denn es werden von Klinggraeff d. Aelt. in seiner 1848 erschienenen Flora von Preussen lediglich Lindenbusch, und von Patze-Meyer-Elkan in ihrer Flora von 1850 neben Lindenbusch blos noch Berent (d. i. Lubianen bei Berent) als westpreussische Standorte angegeben. Auch in den beiden Nachträgen zu Klinggraeff's Flora aus dem Jahre 1854 und 1866 werden diese beiden Ortsangaben ohne Zusätze wiederholt. Klinggraeff d. Jüng. hat in seine topographische Flora Westpreussens vom Jahre 1880 ausserdem noch zwei Angaben Caspary's aufgenommen, nämlich Turschouken im Kreise Berent und Sommin im Kreise Konitz. Diese Flora ist die letzte, über unser Gebiet erschienene, jedoch wird noch in einzelnen veröffentlichten Excursionsberichten dieses oder jenes Vorkommens gedacht, worauf wir weiter unten im Einzelnen hinweisen werden.

Hieraus erhellt, dass ein grosser Theil der bereits 1756 und 1829 veröffentlichten Eiben-Standorte in Westpreussen völlig in Vergessenheit gerathen ist, und aus den nachfolgenden Mittheilungen geht hervor, dass auch so manche andere Notiz über diesen Gegenstand aus späterer Zeit keine Beachtung gefunden hat. Daher war es schon vom rein floristischen Standpunkt aus wünschenswerth, die alten Fundorte von *Taxus baccata* L. in unserer Provinz festzustellen und etwaige neue denselben hinzuzufügen.

A. Regierungs-Bezirk Danzig.

Kreis Karthaus.

Der Kreis Karthaus ist überaus wasserreich und besitzt fast durchweg einen frischen, zum Theil kalkhaltigen Boden. In der Königl. Forst Mirchau, und zwar in den Schutzbezirken Steinsee und Wygoda, sowie unmittelbar an ihrer Grenze, nämlich auf Abbau Miechutschin, sind die drei nördlichsten Eiben-Standorte unserer Provinz gelegen. Während der zuerst genannte jetzt nur abgestorbene Stocke aufweist, enthalten die beiden anderen noch lebende Pflanzen. Alle drei Oertlichkeiten sind nicht weit, immerhin aber 4 km und mehr, von einander entfernt und können daher als getrennte Standorte angesehen werden.

Der Oberforstmeister J. von Pannewitz erwähnt bereits alte Eiben-stubben bei Karthaus[1]). Da eine nähere Ortsbezeichnung fehlt, konnte es fraglich sein, ob der Standort im Belauf Steinsee oder derjenige im Belauf Wygoda gemeint ist. Aber an letzterer Stelle hat es damals sicher noch sehr viele lebende Eiben gegeben, während Pannewitz ausdrücklich von Stubben spricht. Hieraus schliesse ich, dass er das Vorkommen in Steinsee gemeint hat, welches zwar 20 km von Karthaus entfernt liegt, aber dennoch schon früh bekannt gewesen ist, wie wir weiter unten (S. 14) sehen werden.

I. Schutzbezirk Steinsee.

Im NW. des Kreises Karthaus erstreckt sich die durch ihre coupirten Terrain-Verhältnisse und durch ihre landschaftlichen Reize bekannte Mirchauer Forst, an deren Nordrande, nach dem Kreise Neustadt hin, der Schutzbezirk Steinsee liegt. Derselbe weist auf einer vom Kl. Klenczau-See nach N. sanft ansteigenden Anhöhe einen aus Kiefern, Rothbuchen und Eichen gebildeten Bestand von durchschnittlich 60- bis 65jährigem Alter auf. Unterholz ist nicht vorhanden, jedoch bemerkt man in den Jagen 224 und besonders 230 zahlreiche Stubben abgestorbener Eiben, welche bereits Rinde und Splintholz verloren haben und z. Th. auch kernfaul geworden sind. Der Umfang dieser Stocke, am Wurzelhals gemessen, beträgt 25 bis 50 cm. Obschon noch viele derselben aus dem Boden hervorragen, werden sie doch theilweise von Flechten und Moosen überzogen und mehr oder weniger eingedeckt. Der Boden ist frisch und besteht aus humosem Sand.

Dieses Vorkommen ist so wenig auffallig, dass es sowohl dem Oberförster, als auch dem Förster in Mirchau nicht bekannt geworden war; die Försterstelle im Schutzbezirk Steinsee war zeitweilig nicht besetzt. Ich hatte auf einer früheren Dienstreise in den Kreis Neustadt beiläufig nach Eiben Umfrage gehalten und erfahren, dass der Stellmacher Lange am Gr. Steinsee ein eigenthümliches Holz verarbeite, welches der Beschreibung nach nur Eibenholz sein konnte. Deshalb suchte ich später den p. Lange auf und liess mich von ihm an jene Stelle hinführen, von wo er sein Werkholz zu holen pflegte. Auf diese Weise lernte ich das oben beschriebene Vorkommen am Kl. Klenczau-See kennen. Lange erinnerte sich übrigens, vor mehreren Jahren unweit des ge-

---

[1]) Jul. von Pannewitz. Das Forstwesen von Westpreussen in statistischer, geschichtlicher und administrativer Hinsicht. Berlin 1829. S. 29.

nannter; See noch einzelne lebende Eiben gesehen zu haben, und zeigte mir auch in seinem Garten ein mehrjähriges grünes Pflänzchen, das von dort herstammt. Trotz eifrigen Suchens konnten wir beide dort nirgend lebende *Taxus* wiederfinden, und es ist daher wohl anzunehmen, dass sie gegenwärtig ausgestorben sind. Zur Beschleunigung dieses Rückganges hat wahrscheinlich der Umstand beigetragen, dass sowohl dem Laub als auch dem Holz vielfach nachgestellt ist; ersteres wurde nach Aussage des p. Lange als Kirchenschmuck und letzteres zu allerlei Werktheilen verwendet. Ein Abschnitt eines Wurzelastes ist den botanischen Sammlungen des Provinzial-Museums hierselbst einverleibt.

Wie oben erwähnt, ist das Vorkommen der Eiben in der Mirchauer Forst schon um die Mitte des vorigen Jahrhunderts bekannt gewesen. Georg Schwengel[1]) übersandte am 10. März 1746 an den Stadtsecretär und Secretär der Naturforschenden Gesellschaft J. Klein in Danzig einen Bericht über einige natürliche Merkwürdigkeiten, die sich auf den Klostergütern vorfinden, und führt auch den Eibenbaum an, der „auf Bergen und trockenen Gegenden . . . . in der Starostey Mirachon wächst". Obschon eine nähere Ortsbezeichnung fehlt, kann man nach dieser kurzen Angabe doch vermuthen, dass er den Standort Steiusee gemeint hat, zumal das Gelände hier hügelig und sandig ist. Ferner ist auch schon oben erwähnt, dass Pannewitz der Eiben bei Karthaus gedenkt, womit wahrscheinlich dieser Standort gemeint ist. Im Uebrigen muss letzterer weiteren Kreisen wenig bekannt geworden sein, da ich ihn in keiner einzigen Flora oder sonstigen botanischen Abhandlung erwähnt gefunden habe. Als ich im Sommer vorigen Jahres das Herbarium im Botanischen Garten

[1]) Herrn George Schwengel, Hochwürdigen Priors des Carthäuser Klosters bey Danzig Schreiben an Herrn Secr. J. T. Klein von einigen natürlichen Merkwürdigkeiten auf den Gütern dieses Klosters, aus dem Lateinischen übersetzt von Gottfried Reyger. Versuche und Abhandlungen der Naturforschenden Gesellschaft in Danzig. III. Theil. Danzig und Leipzig 1756. S. 458.

zu Königsberg i. Pr. einsah, bemerkte ich einen sehr kleinen Eibenzweig mit folgender Etikette von Caspary's Hand: „Im Jagen 95 „oder 103, das Gestell zwischen beiden nicht „zu erkennen, am sanften Abhange nach einer „Wiese zu u. Rothbuchen etwa 20 Stück, „die alle abgestorben, von 1 blos drei Triebe „noch an der Wurzel. Höchste Stammdicke „4½". blos 4—5" Höhe. — Forst von Mir„chau — Karthaus. 13. 6. 65." Nach Aussage des Herrn Oberförster Sabarth beissen die ehemaligen Jagen 95 und 103 jetzt 224 25 und 238/39; daher ist der Standort des Caspary'schen Exemplars, welchen er meines Wissens nie veröffentlicht hat, identisch mit dem oben beschriebenen Gelände am Kleuczau-See. Es geht hieraus hervor, dass dort vor 26 Jahren noch einzelne Eiben gegrünt haben, während heute nur todtes Stockholz vorhanden ist. Auf einer anderen Etikette vom 21. Mai 1880 fand ich die Bemerkung Caspary's: „die *Taxus* am Libagosch sollen auch vernichtet sein." Es scheint mir nicht zweifelhaft zu sein, dass er mit diesem Vorkommen am Libagosch ebenfalls das vorhin beschriebene am Kl. Kleuczau-See gemeint hat: er wählte hier die Bezeichnung Libagosch (-See) wohl deshalb, weil dieses der bei Weitem grösste und bekannteste See in dortiger Gegend ist, wenn auch der gesuchte Standort mehr von diesem, als vom Kl. Kleuczau-See entfernt liegt.

2. Schutzbezirk Wygoda.

Etwa 16 km westlich vom Kreisort Karthaus entfernt, liegt der gleichfalls zum Forstrevier Mirchau gehörige Schutzbezirk Wygoda. Von dem Forsthause bei Moisch führt nach SW. ein Landweg quer über die grosse Chaussee hinweg, durch einen ungefähr 100jährigen Kiefern- und Buchenbestand, nach dem Dorfe Mroze. In diesem gemischten Bestande trifft man zahlreiche Stubben und jungen Aufschlag von Eiben an, woraus hervorgeht, dass diese Pflanzen hier früher häufig gewesen sind. Der Königl. Förster Schwerdtfeger in Wygoda erinnert sich, noch vor acht Jahren in den jetzigen Jagen 32 und 33

10 bis 12 grüne Eiben gesehen zu haben, die aber später durch Beschädigung beim Holzhieb und zufolge plötzlicher Lichtstellung eingegangen sind. Der letzte grössere Baum, welcher ca. 3 m hoch war, wurde mit dem Schlage im Winter 1890/91 abgetrieben. Gegenwärtig finden sich noch einzelne kleinere, lebende Exemplare in den Jagen 34, 35 und 72, sie erreichen hier kaum 50 cm Höhe; hingegen habe ich abgestorbene Stöcke ausserdem in den Jagen 31, 32, 33 und 91 angetroffen[1]). Der Boden ist frisch und besteht aus lehmigem Sand.

Hiernach haben wir die Gegend von Wygoda als einen ehemaligen reichen Eiben-Standort anzusehen, der aber in schnellem Rückgange begriffen ist. Da nicht mehr ein einziger Baum oder ansehnlicher Strauch vorhanden ist, so kann man leider mit Bestimmtheit voraussehen, dass die Eibe dort in Bälde gänzlich verschwunden sein wird.

In früherer Zeit, als grössere Bäume noch häufiger vorkamen, wurden die frischen Zweige von der katholischen Bevölkerung gern zum Ausschmücken der Kirchen in Sierakowitz und in Schwanau an Festtagen verwendet. Das Holz der Eiben ist, nach den angestellten Recherchen, hier nicht verarbeitet worden.

3. Abbau Miechutschin.

Der dritte Fundort für Eiben im Kreise Karthaus liegt auf einem Abbau Miechutschin, unweit des Schutzbezirkes Glinowec; dieser Abbau ist ungefähr 2 km südwestlich von Miechutschin entfernt und gegenwärtig im Besitze des Bauern Swarra. Vor dessen Hause stehen zwei weibliche Bäume, deren Früchte abwechselnd in dem einen oder anderen Jahre zur Reife gelangen. Das eine Exemplar ist ca. 4,5 m hoch und besitzt einen kurzen Schaft, welcher am Boden 57 cm im Umfang misst und schon in 30 cm Höhe den ersten

[1]) Nachträglich ersah ich aus dem Herbarium in Königsberg, dass R. Caspary am 21. Mai 1880 im Belauf Wygoda, Jagen 18, dicht am Wege zwischen Menze und Molsch einen 1 Fuss hohen Strauch und ausserdem zwei andere lebende Eiben bis 2 Fuss Höhe beobachtet hat; von altem Stubbenholz erwähnt Caspary nichts.

Ast nahezu senkrecht nach oben entsendet. Die zweite Eibe ist etwas schwächer, da sie nur 51 cm Umfang am Wurzelknoten hat, doch erreicht sie die Höhe von etwa 5 m; die Astbildung beginnt in 35 cm Höhe.

Diese beiden Eiben stehen vereinzelt in der ganzen Gegend und sind von den nächsten lebenden Bäumen bei Wygoda wenigstens 4, hingegen von den todten Stöcken am Kl.-Klenczan-See ungefähr 10 km entfernt. Sie besitzen ein erheblich höheres Alter, als die in der Nähe befindlichen Obstbäume und als die baulichen Anlagen selbst. Wie der Königl. Oberförster Herr Sabarth mir mittheilte, ist die Fläche, auf welcher jetzt die Abbauten stehen, ehemals fiscalisch gewesen und erst später vertauscht worden. Daher unterliegt es keinem Zweifel, dass die gedachten Eiben, welche sich gegenwärtig in dem Bauerngehöft befinden, ursprünglich im Walde unter dem Schutze hoher Bäume spontan aufgewachsen sind.

Kreis Berent.

An den Kreis Karthaus schliesst sich im Südwesten der Kreis Berent an, welcher in seinen mittleren und westlichen Theile gleichfalls einen grossen Reichthum an Landseen aufweist. Unweit der Karthäuser Kreisgrenze, bei Lubianen und Sommerberg, liegen zwei Eiben-Standorte, von denen der letztere nur eine einzige lebende Pflanze, dagegen der erstere zahlreiche grüne Eiben und abgestorbene Stubben enthält. Ausserdem führt Klinggraeff (d. Jüng[1]), noch einen dritten Fundort „am See von Turczonka bei Triwatz (Caspary)" an, und diese Mittheilung ist später von J. Prätorius[2]) wiederholt worden. Ich vermuthe, dass Klinggraeff's Angabe einem Druckbericht des Preussischen Botanischen Vereins in Königsberg entnommen ist, habe aber die citirte Stelle bisher nicht ausfindig machen können. Dieses Ergebniss darf nicht

[1]) H. von Klinggraeff. Versuch einer topographischen Flora der Provinz Westpreussen. Schriften der Naturforschenden Gesellschaft in Danzig. N. F. V. Band, 1. u. 2. Heft. Danzig 1881. S. 179.
[2]) Prätorius. Zur Flora von Konitz. Programm des Königl. Gymnasiums in Konitz 1889. S. 61.

überraschen, wenn man erwägt, dass jene Berichte — ebenso wie diejenigen mancher anderer Vereine — zumeist in Tagebuchform veröffentlicht sind, wodurch die Uebersicht in hohem Grade erschwert wird. Herr von Klinggraeff selbst war auf mein Befragen leider nicht mehr in der Lage, die Quelle der gedachten Notiz anzugeben, und ich hoffte, nun im Provinzial-Herbarium zu Königsberg ein Belagexemplar von jener Localität zu finden. Dies war aber auch nicht der Fall, und ebenso wenig konnte der langjährige Assistent Caspary's, Herr Dr. Abromeit daselbst, auf Grund von Notizen oder trockenem Material, Auskunft über den gedachten Fundort geben. Ich reiste im Mai v. J. nach Turschonken und habe, mit Hilfe eines Ortskundigen, die Ufer des am Waldrande gelegenen Sees untersucht. Es ist mir nicht geglückt, eine Spur der Eibe dort aufzufinden, auch hatte keiner der Dorfbewohner je die Pflanze im Walde gesehen, obschon sie ihnen aus den Gärten in Turschonken wohl bekannt war. Ungefähr 1,5 km nördlich liegt Trawitz, wofür in Klinggraeff's Flora wohl irrthümlich Triwatz gedruckt ist; dieser Setzfehler ist beiläufig auch in Pratorius' Flora von Konitz übergegangen. Da auf solche Weise die von mir angestellten Recherchen über die fraglichen Eiben am Turschonka-See ein negatives Resultat ergoben haben, bleibt vorläufig noch die Frage über das dortige Vorkommen offen.

Ich will nicht darauf hinzuweisen unterlassen, dass im südlichen Theile des Kreises, und zwar kaum 5 km westlich von Hochstüblau, die beiden Landgemeinden Neu- und Alt-Ciss, ferner 3,5 km von dort nach NO, das zur Oberförsterei Gr. Okonin gehörige Forsthaus Ciss gelegen sind. Letzteres ist erst in neuerer Zeit angelegt und hat seinen Namen von der benachbarten Ortschaft gleichen Namens erhalten. Was aber diesen angeht, so konnte man vermuthen, dass er von dem polnischen Wort cis (= Eibe) seinen Ursprung nähme. Ich habe daher an Ort und Stelle Nachforschungen angestellt und auch bei den Förstern der angrenzenden Schutzbezirke Ciss und Kaliska Umfrage gehalten,

ohne jedoch eine Spur von lebenden oder abgestorbenen Eiben angetroffen zu haben. Dennoch halte ich es wohl für möglich, dass der Baum in früherer Zeit dort vorgekommen ist, und dass später noch einmal alte Stubben in jener Gegend aufgefunden werden.

4. Abbau Lubianen

Sieben Kilometer im Westen von Berent liegt das Dorf Lubianen, am Ausflusse des Garczinfliesses aus dem Graniczuosee. Von hier geht dieses Flüsschen nach SO, durchfliesst später den Sudomiesee und mündet endlich in das Schwarzwasser. Auf der Strecke zwischen dem Graniczuo- und dem Sudomiesee sind die Ufer des Flusses meist flach und feucht, zum grossen Theil torfig, mit mergeligem Untergrund. Das linke Ufer ist völlig kahl, während am rechten, etwa 1 km südlich vom Dorf, ein Kiefernwäldchen liegt, das an den Abbau Lubianen (Besitzer Krefft, früher Baganz) und an den Mielno-See grenzt. Darauf folgt auf derselben Seite des Flüsschens nach SO, eine grössere, jetzt unbewaldete Fläche und dann wieder ein Wäldchen von *Alnus glutinosa* Gärtn., *Betula pubescens* Ehrh., *Salix* etc., welches bis nahe an den Sudomie-See herangeht. In diesem Gelände auf der rechten Uferseite, von jenem Kiefernwäldchen bis in das Erlenwäldchen, d. h. auf einer Strecke von wenigstens 1,5 km, kommen zahlreiche, gewiss noch über hundert lebende Eibenbüsche vor; auf der anderen Seite finden sich nur sehr wenige vereinzelte *Taxus*. Das Terrain gehört zum grösseren Theil dem Besitzer Krefft, früher Baganz, in Abbau Lubianen und zum kleineren Theil dem Gutsbesitzer Hoppe in Lubianen selbst. Eine Eibe steht an einer recht feuchten Stelle dicht am Garten des ersteren, und andere sind in dem nahen Kiefernhain vorhanden. Am häufigsten finden sie sich auf dem frischen, bisweilen etwas sumpfigen Boden der unbewaldeten Fläche, die früher auch mit Erlen und Weiden bedeckt war und später abgeholzt ist. In dem angrenzenden Erlenwäldchen verwachsen oft Eiben mit Wachholder zu einem dichten Gebüsch; daneben treten hier noch Birken, Ebereschen, Haselnuss, Weissbuche, *Evonymus* etc. auf. Unter den Eiben von Lubianen finden sich männliche und weibliche Exemplare, jedoch habe ich sehr selten Früchte, und zwar nur unreife, wahrgenommen. In Folge des Abtriebes und zahlreicher anderer Beschädigungen zeigen die Pflanzen zumeist eine strauchartige Ausbildung, wobei immerhin einige Aeste von unten auf senkrecht nach oben sich entwickeln. Als stärksten Umfang über dem Boden maass ich 46 cm und als grösste Höhe 2,5 m; indessen wird von Caspary in einer handschriftlichen Notiz über die Eiben von Lubianen im Herbarium zu Königsberg ein Stubben eines abgehauenen Stammes von nahezu 1 m Umfang erwähnt. Alle Exemplare, die ich gesehen, sind verstümmelt und vom Frost mehr oder weniger stark beschädigt; viele sind in absehbarer Zeit dem Untergange geweiht. Eine Abhilfe dürfte hier schwer herbeizuführen sein, weil die Pflanzen der grossen Mehrzahl nach einem kleinen Besitzer gehören, welcher nicht das geringste Interesse an ihrer Erhaltung hat.

Wenngleich man vorweg vermuthen kann, dass die ganze Fläche, auf welcher sich die Eiben finden, ursprünglich bewaldet gewesen ist, weisen auch noch vereinzelte hohe Kiefern auf der heutigen kahlen Fläche darauf hin, dass ehedem ein Kiefernbestand dort existirt hat. Die Abholzung desselben ist wohl der erste Anlass zum Rückgang jener Pflanzen gewesen, insofern einige mit dem Schlage selbst abgetrieben und andere durch plötzliche Freistellung benachtheiligt wurden. Besonders haben sie durch Frost im Winter 1870/71 stark gelitten, und überdies sollen die Bauern ringsum damals viel Eibenholz zum Brennen entwendet haben. Dazu kommt, dass wie in früherer auch in gegenwärtiger Zeit das Vieh dort weidet und sowohl durch Tritt als durch Verbeissen mancherlei Schaden anrichtet. Ausserdem werden die Zweige, ja die ganzen Pflanzen, von verschiedenen Seiten öfters begehrt. Wie ich an Ort und Stelle erfuhr, verwenden die Angler im Winter gern die immergrünen Zweige der am Ufer ste-

henden Eiben zum Bekleiden ihrer Schutzhütten, und früher schmückte man mit Eibenzweigen von hier die Kirchen in Berent und an anderen Orten aus. Auch Caspary erwähnt in einer handschriftlichen Notiz zu den Eibenexemplaren von Lubianen (Herbarium des Königl. Botanischen Gartens zu Königsberg) aus dem Jahre 1864: „Nach Angabe des Schulzen (Gemeindevorstehers) von Lubianen, des Herrn Baganz der uns führte, werden die Büsche im Winter rücksichtslos des grünen Laubes zur Ausschmückung der Kirchen der Umgegend beraubt." Noch heute wählt man jene Zweige mit Vorliebe zu Todtenkränzen. Nach Aussage des Besitzers Krefft wurde das Splintholz ehemals bis in die 50er Jahre unseres Jahrhunderts gegen Tollwuth angewendet, und aus dem ganzen Stammholz schnitt man — ähnlich wie aus Wachholder — die Mahlstampfen zur Herstellung des Schnupftabacks. Endlich haben auch die lebenden Pflanzen ihre Liebhaber gefunden, denn es sind viele Eiben von dort nach anderen Orten hin verpflanzt worden. Ich bemerkte ein älteres Exemplar im Garten des Gutsbesitzers Hoppe und ein junges in dem des Lehrers Klein in Lubianen. Im Garten des Landraths Herrn Geheimrath Engler zu Berent sah ich zwei, jetzt etwa 6 m hohe Bäume, die schon vor nahezu vierzig Jahren, und in dem des Kreissecretärs Herrn Wachowski fünf andere, bis 3,5 m hohe Bäume, die vor zweiundzwanzig Jahren aus Lubianen dorthin gebracht waren. Ferner sind Eiben aus Lubianen im Garten des Apothekenbesitzers Herrn Borchardt zu Berent, im Garten der Frau Rittergutsbesitzer Kautz in Gr. Klinsch unweit Berent und vermuthlich noch an mehreren anderen Stellen vorhanden.

Wenn sich hieraus ergiebt, dass jener Eiben-Standort von Lubianen, wenigstens in dortiger Gegend, seit langer Zeit bekannt ist, so findet sich in der Literatur eine Angabe darüber, dass er schon um die Mitte des vorigen Jahrhunderts zur weiteren Kenntnis gelangt war. In dem bereits mehrfach angeführten Schreiben des Prior des Karthäuser Klosters G. Schwengel heisst es nämlich weiter[1]) „*Taxus*, Eibenbaum, wird zwar auf „unsern Gütern nicht gefunden, aber in der „benachbarten Starostey Berent wächst er an „feuchten Orten . . ." Es ist anzunehmen, dass hiermit das Eiben-Vorkommen bei Lubianen gemeint ist.

Die weitere Literatur anlangend, ist hervorzuheben, dass Pannewitz[2]) diesen Standort nicht gekannt hat, vermuthlich weil dieser ausserhalb der Königlichen Forst lag, hingegen erwähnen Patze-Meyer-Elkan[3]) in ihrer Flora: „Berent in Westpreussen (v. Czortowicz!)". Ferner heisst es in der angeblich von Liés in verfassten kurzen Beschreibung des Berenter Kreises[4]): „dass der sonst in Gebirgswäldern zerstreut und einzeln vorkommende *Taxus* in einem Bruchlande von ziemlicher Ausdehnung, welches bei Lubianen liegt, nicht vereinzelt, sondern beisammen wächst; in neuerer Zeit ist er freilich sehr gelichtet worden, da er vor den Culturarbeiten allmählich weichen muss." Klinggraeff der Aelt.[5]) theilt im Jahre 1866 mit, dass *Taxus baccata* L. „am Schwarzwasser zwischen Lubianen und dem Sudomia-See" von R. Caspary beobachtet wurde, und letzterer hat denselben Standort nochmals im Jahre 1875 besucht.[6]) Ferner

[1]) Versuche und Abhandlungen der Naturforschenden Gesellschaft in Danzig. III. Theil. Danzig und Leipzig 1756. S. 469.
[2]) J. von Pannewitz, Das Forstwesen von Westpreussen in statistischer, geschichtlicher und administrativer Hinsicht. Berlin 1839. S. 29.
[3]) C. Patze, E. Meyer und L. Elkan, Flora der Provinz Preussen. Königsberg 1850. S. 118.
[4]) Statistische Darstellung des Berenter Kreises im Regierungsbezirk Danzig. Herausgegeben unter Redaction des Königlichen Landraths-Amtes. Berent 1863. S. 18.
[5]) C. J. von Klinggraeff. Die Vegetationsverhältnisse der Provinz Preussen. Marienwerder 1866. S. 139.
[6]) Bericht über die 14. Versammlung des Preussischen Botanischen Vereins zu Rastenburg. S. 36. — Hier lautet die Beschreibung „am Reinwasser, zu dessen Einfluss in den Sudomia-See", während Klinggraeff in der vorerwähnten Druckschrift „am Schwarzwasser . ." schreibt. Nach der Generalstabskarte (Aufnahme 1862 bis 75) heisst dieses Fliesschen weder Rein- noch Schwarzwasser, sondern Garczin-Fliess und mündet erst viel später in das Schwarzwasser. Um mich davon zu überzeugen, dass Caspary denselben Standort im Sinne

schreibt A. Treichel[1]) 1887: „Früher war ein Taxuswald in Lubianen, Kreis Berent, jetzt abgeholzt, wie noch an den Baumstümpfen erkennbar"; er ist also an Ort und Stelle nicht gewesen, da er sonst neben den alten Stöcken auch noch lebende Eiben würde gesehen haben. Ich selbst wurde zuerst von mehreren Oberförstern, die früher in dem benachbarten Königlichen Revier Buchberg gewesen waren, auf den Eiben-Standort bei Lubianen aufmerksam gemacht und besuchte denselben am 26. Mai v. J.

5. Schutzbezirk Sommerberg.

Auch in der Königlichen Forst Buchberg, und zwar in dem Lubianen zunächst gelegenen Schutzbezirk Sommerberg, ist ein Eiben-Vorkommen zu verzeichnen. Freilich handelt es sich nur um einen einzigen, blütenlosen Strauch, welcher unweit des Weges, der von Abbau Lubianen nach Berent führt, am Nordrande des ersten Gestelles im Süden der Bütow-Berenter Chaussee steht. Auf der anderen Seite dieses Gestelles beginnt schon der Schutzbezirk Philippi, gleichfalls zum Revier Buchberg gehörig. Ich vermag leider

gehabt hat, nahm ich später Einsicht in das Herbarium des Königl. Botanischen Gartens zu Königsberg i. Pr. und fand hier, dass in einer von seiner Hand geschriebenen Erläuterung zu Eibenexemplaren von Lubianen der ursprüngliche Namen „Ferse" durchstrichen und durch „Schwarzwasser" ersetzt war. In einer zweiten Erläuterung, welche gleichfalls den getrockneten Exemplaren beigelegt war, hatte zuerst „Schwarzwasser" gestanden, und diese Bezeichnung ist dann durchstrichen und durch „Garczinner Fliess" ersetzt worden. Dementsprechend ist also die früher von Caspary publicirte Fundortsangabe „am Schwarzwasser" zu berichtigen. In denselben Erläuterungen, welche vermuthlich im Jahre 1866 geschrieben sind, heisst es weiter „zwischen dem Dorfe Lubianen und dem Sudomia-See . . . findet sich die grösste Menge von Eibenbüschen, die Preussen aufzuweisen hat. Wir zählten 51 Büsche, aber es mögen ihrer leicht doppelt so viele sein." Hieraus geht hervor, dass Caspary damals den Zionlausch im Kreise Schwetz, von welchem weiter unten die Rede sein wird, noch nicht gekannt hat.

[1]) A. Treichel, Volksthümliches aus der Pflanzenwelt, besonders für Westpreussen. VII. Altpreussische Monatsschrift. Bd. XXIV. Königsberg i. Pr. 1887. S. 586.

nicht die Jagennummer anzugeben, da sie auf dem Grenzstein nicht vermerkt war, als ich am 26. Mai pr. diese Gegend besuchte, und da ich nicht in Begleitung des Oberförsters mich befand, der diese Eibe gar nicht kannte. Der Eibenstrauch besteht aus fünf dünnen Stämmchen, welche einer gemeinsamen Wurzel entspringen; er ist etwa 1 m hoch und macht einen frischen gesunden Eindruck. Die Eibe kommt in einem 60- bis 80jährigen Kiefernbestande, in welchem sonst noch Wachholder als Unterholz wächst, vor; das Terrain ist flach und besteht aus trockenem Sand, der von *Cladonia rangiferina* Hoffm. überzogen wird, d. h. aus einem Boden V. oder IV. Klasse. Trotz eifrigen Suchens konnten weder andere lebende Exemplare noch todte Stöcke dort aufgefunden werden. Angesichts dieses ganz vereinzelten Vorkommens, zumal auf einem Boden, der sonst der Eibe wenig zusagt, glaube ich annehmen zu dürfen, dass wir es hier nicht etwa mit dem letzten Ueberrest eines grösseren Horstes zu thun haben. Vielmehr meine ich, dass diese einzelne Eibe in inniger Beziehung zu dem Vorkommen bei Lubianen steht, von welchem sie kaum mehr als 2 km entfernt ist; entweder durch Menschenhand oder durch Vögel ist sie vor langer Zeit hierher verpflanzt worden. Gleichwie man nachweislich in den 50er Jahren und später Pflanzen aus Lubianen in Gärten nach Berent versetzt hat, kann ein anderes Exemplar von irgend einem eifrigen Forstbeamten auch in den Sommerberger Bezirk verpflanzt sein. Andererseits ist es ebenso möglich, dass die Schwarzdrossel, *Turdus merula* L., welche die reifen Scheinbeeren der Eibe verzehrt, durch Auswerfen des Gewölles den Samen hierher verschleppt hat.

Kreis Pr. Stargard.

Dieser Kreis, welcher im NW. an den vorigen Kreis grenzt, enthält ganz im Süden einen Standort lebender und abgestorbener Eiben, welcher schon in das Waldgebiet der Tucheler Heide fällt. Darüber wird nachfolgend ausführlich berichtet werden. Hier sei ferner erwähnt, dass im nördlichen Theile des Kreises, und zwar nicht weit von Frankenfelde, eine Landgemeinde Iwitzno liegt, deren Namen möglicherweise auf *Taxus* hindeuten könnte. Daher hielt ich, unter Vorlegung des Holzes und frischer Zweige, an Ort und Stelle Umfrage, konnte aber bisher nicht feststellen, dass die Pflanze spontan dort vorkommt bezw. früher dort vorgekommen ist. Eine angepflanzte alte Eibe steht nach A. Treichel's brieflicher Mittheilung auf dem Kirchhof von Frankenfelde.

6. Schutzbezirk Eibendamm.

Das Forstrevier Wilhelmswalde umschliesst in seinem südlichen Theile, und zwar an der schmalsten Stelle des Scharnow-Sees, in der Mitte des rechten Ufers, ein Eiben-Vorkommen, welches sich lange Zeit der Kenntniss der Forstaufsichtsbeamten entzogen hat. Diese Gegend muss wohl früher schwer zugänglich gewesen sein, denn H. Hae[1]), welcher als Oberförster-Assistent im genannten Revier 1863 beschäftigt war und eingehende Beobachtungen über die Flora desselben angestellt und veröffentlicht hat, erwähnt garnicht *Taxus baccata*, wiewohl er mehrere andere Pflanzen vom Scharnow-See aufführt. Nach Aussage des Königl. Forstmeisters Herrn Dr. Kohli in Wilhelmswalde wurden die Eiben erst im Jahre 1875 entdeckt, als bei Gründung eines neuen Forstetablissements der jetzt 100- bis 120jährige Kiefern- und Hainbuchenbestand abgetrieben wurde, um Dienstland für den Förster zu gewinnen. Aus diesem Grunde und weil hier, zwecks besserer Verbindung, ein Damm quer durch den See geschüttet wurde, erhielt das neue Forsthaus den Namen „Eibendamm".

Die ganze von Eiben bestandene Fläche, welche ursprünglich 25 ha gross gewesen sein mag, besitzt nur zum Theil eine Sanddecke und im Uebrigen einen milden humosen Boden mit kalkhaltigem Untergrund. Nach Herstellung des Forstetablissements ist jene Fläche

[1] H. Hae. Mittheilungen über die Flora des Wilhelmswalder Forstes. Schriften der Königl. Physikalisch-Oekonomischen Gesellschaft zu Königsberg i. Pr. V. Jahrgang 1864. S. 24 ff.

wesentlich kleiner geworden und beträgt jetzt im Ganzen noch etwa 10 ha, welche sich auf die Jagen 21 und 38a südlich und nördlich desselben vertheilen. Das entblösste Zwischenstück weist nur eine einzige, nämlich die vom Förster Kniep in seinen Garten verpflanzte Eibe von 1,5 m Höhe auf. Auch die in der Forst stehenden Eiben sind kaum grösser, daher auch ohne Blüten. Sie erscheinen nahezu durchweg strauchartig ausgebildet, was hauptsächlich auf die Beschädigungen zurückzuführen ist, welche das dort weidende Vieh durch Verbeissen bewirkt. Nachdem jetzt eine Schonung angelegt ist, werden die Pflanzen hoffentlich besser gedeihen, sofern sie nicht zufolge stärkerer Belichtung in ihrem Wachsthum benachtheiligt sind. Die lebenden Eiben dürften sicher noch in einer Anzahl von mehr als fünfzig Exemplaren vorhanden sein; ausserdem wurden beim Ausroden auch zahlreiche alte Stubben aufgefunden, von denen ein 10 cm starkes Stück Seitens des Herrn Forstmeister Dr. Kohli für die forstbotanische Sammlung des Provinzial-Museums hierselbst übersandt wurde.

In der Literatur sind die Eiben von Eibendamm kaum bekannt, indessen weist neuerdings R. Schütte in seinem lesenswerthen Werkchen über die Tucheler Heide[1]) beiläufig auf dieses Vorkommen hin.

[1] R. Schütte. Die Tucheler Heide. Konitz 1889. S. 68.

B. Regierungs-Bezirk Marienwerder.

Kreis Marienwerder.

In diesem Kreise kommt die Eibe lebend meines Wissens nicht vor, ebensowenig sind abgestorbene Stöcke hier bekannt geworden. Im südwestlichen Theile des Kreises, unweit des Ritterguts Rinkowken, liegt die Landgemeinde Cissewo, deren Namen auf das ehemalige Vorkommen der Eibe in dortiger Gegend hinweisen könnte. Diese Ortschaft ist nur 6,5 km südöstlich von der vorgenannten Forsterei Eibendamm entfernt, wo noch heute *Taxus* wild anzutreffen ist. Ich habe zwar nicht selbst Cissewo besucht, aber nach den schriftlich eingezogenen Erkundigungen ist diese Pflanze dort gänzlich unbekannt; daher darf Cissewo vorlanfig nicht als Eiben-Standort betrachtet werden.

Kreis Schwetz.

Dieser Kreis grenzt nordlich an den Kreis Pr. Stargard im Regierungsbezirk Danzig und umfasst einen grossen Theil jenes ausgedehnten Waldcomplexes, der unter dem Namen der Tucheler Heide bekannt ist. Hier liegen drei verschiedene Eiben-Standorte, und zwar in den Belaufen Eichwald, Neuhaus und Lindenbusch. In Eichwald giebt es jetzt nur eine einzige lebende Eibe, daneben aber zahlreiche alte Stubben; in Neuhaus sind zwei grüne Sträucher, hingegen in Lindenbusch ein ganz grosser Horst vorhanden (Ziesbusch), der seines Gleichen im östlichen Deutschland sucht. Unmittelbar an diesen grenzt die Colonie Eibenhorst, welche erst im Jahre 1826 gegründet ist. Endlich werden aus dem Park in Lowinek ein paar alte Eibenbäume hier beschrieben, von denen es fraglich sein könnte, ob sie etwa spontan wachsen; ich halte sie für künstlich angepflanzt.

7. Schutzbezirk Eichwald.

An das zuletzt beschriebene Vorkommen bei Eibendamm im Regierungsbezirk Danzig schliesst sich zunächst dasjenige von Eichwald an, welches in südwestlicher Richtung nur 13,5 km von jenem entfernt liegt. Etwa 6 km nördlich von Osche, rings umgeben von weiten Sandflächen mit einförmigem Kiefernbestand, breitet sich ein 250 bis 300 ha grosses, welliges Gelände aus, das einen frischen humosen Boden mit unterliegendem Lehm und Mergel besitzt. Hier gedeihen vorzüglich Weissbuchen und Eichen, ferner Espe, Rüster, Spitzahorn, Linde, Mehlbeere u. a. m.; als Unterholz kommen *Corylus*, *Lonicera*, *Evonymus* etc. vor. Schon aus dem Umstande, dass sich die Eichen hauptsächlich an solchen Stellen finden, wo der Lehm bereits in Grandboden übergeht, ergiebt sich, dass der Bestand an Laubholz nicht etwa künstlich angelegt, sondern aus natürlicher Ansamung hervorgegangen ist, weil man sonst die den grösseren Nutzungswerth darstellende Holzart sicherlich auf den besseren Boden gepflanzt haben würde. Diese Oase inmitten der Tucheler Heide führt von Alters her die Bezeichnung Chirkowa.

Als hier im Jagen 242, behufs Anlage des neuen Forstetablissements Eichwald, in den Jahren 1874—76 der Boden urbar gemacht wurde, stiess man zuerst auf zahlreiche Eibenstubben, welche schon ganz von Moos bedeckt waren und kaum noch aus dem Erdboden hervorragten. Später wurde vom Forster Erler auch noch in den Jagen 241, 211, 210,

260, 180 und 179 altes Stockholz aufgefunden, welches in seinem oberirdischen Theil durchweg kernfaul und auch sonst mehr oder weniger in der Zersetzung begriffen war, während die Wurzeln eine noch feste Beschaffenheit zeigten. Immerhin konnten in vielen Fällen die Massen des Stammumfangs über dem Boden annähernd festgestellt werden, und ich theile hier einige derselben mit:

1. Stock, im Jagen 242, misst 1,80 m Umfg.
2.   „   „   211,   „ 1,72 „
3.   „   „   211,   „ 1,84 „
4.   „   „   211,   „ 2,04 „
5.   „   „   210,   „ 1,43 „
6.   „   „   210,   „ 1,60 „
7.   „   „   210,   „ 1,92 „
8.   „   „   260,   „ 1,53 „
9.   „   „   260,   „ 1,62 „
10.   „   „   260,   „ 1,76 „
11.   „   „   260,   „ 2,18 „

Das Wurzelholz erreichte auch in der Länge solche Dimensionen, dass sich der Förster aus demselben wiederholt Eilen u. dgl. angefertigt hat. In diesem Gebiet der ausgestorbenen Eiben findet sich auch noch ein lebendes Exemplar, das erst im Jahre 1880 entdeckt wurde. Es steht kaum einen Büchsenschuss vom Forsthause ab, im Jagen 260, wo 180- bis 200jährige Weissbuchen und an der Ostkante 120- bis 150jährige Eichen den Hauptbestand bilden; daneben treten die bereits oben genannten Waldbäume geringerer Ordnung auf. Diese Eibe ist aus einem Samen hervorgegangen und erreicht gegenwärtig noch nicht 1 m Höhe; Blüten sind nicht vorhanden. Sie dürfte aber nicht mehr so jugendlich sein, da ihr Wachsthum durch starkes Verbeissen Seitens des Wildes gehemmt wurde. Ausser dieser Eibe sind andere grüne Exemplare nicht bekannt, jedoch ist es wohl möglich, dass noch das eine oder andere Exemplar dort vorhanden ist. Der Umstand, dass die oben gedachte Pflanze erst vor einem Jahre entdeckt wurde, obwohl sie in der Nähe des Etablissements steht und obwohl der Förster Erler, ein sehr aufmerksamer Beobachter, schon seit 1873 dem dortigen Belauf vorsteht, beweist, dass derartige kleine und verbissene Exemplare leicht übersehen werden können. Daher darf es auch nicht Wunder nehmen, dass Botaniker, wie Klinggraeff (d. Jüng.[1]) und Hellwig[2]), welche sich neuerdings im Schutzbezirk Eichwald aufgehalten haben, die Eibe von dort nicht erwähnen.

Die Frage, wann der eigentliche Eibenhorst hier ausgestorben ist, kann schwer beantwortet werden. Wie oben erwähnt, ist das oberirdische Stockholz nur zum geringen Theil noch erhalten, vielmehr von Atmosphaerilien, Parasiten und Saprophyten in hohem Grade angegriffen; die Zersetzung ist bisweilen soweit gediehen, dass am Boden nur noch der Umfang des ehemaligen Stammes markirt erscheint. Hieraus ergiebt sich, dass immerhin eine geraume Zeit verflossen sein muss, seit die Pflanzen abstarben, und ehe deren Holz in jenen Zustand versetzt werden konnte. Bemerkenswerth ist, dass auch schon Pannewitz[3]) in der öfters citirten Schrift vom Jahre 1829 alte Stubben, aber nicht lebende Eiben „bei Osche" anführt, womit voraussichtlich jener Fundort gemeint ist. Hiernach können die alten Eiben von Eichwald spätestens noch zu Anfang unseres Jahrhunderts gegrünt haben.

8. Schutzbezirk Neuhaus.

In der Charlottenthaler Forst war bis zum Jahre 1880 die Eibe gänzlich unbekannt, obwohl z. B. ein scharfer Beobachter, wie F. Hellwig[4]), auch dort botanische Excursionen aus-

---

[1]) H. v. Klinggraeff. Bereisung des Schwetzer Kreises im Jahre 1881. Bericht über die V. Versammlung des Westpr. Botanisch-Zoologischen Vereins zu Kulm. Schriften der Naturforschenden Gesellschaft in Danzig. N. F. V. Bd. 4. H. Danzig 1883, S. 33.

[2]) F. Hellwig. Bericht über die vom 16. August bis 20. September 1885 im Kreise Schwetz ausgeführten Excursionen. Bericht über die VII. Versammlung des Westpr. Botanisch-Zoologischen Vereins zu Ill. Krone. Schriften der Naturforschenden Gesellschaft in Danzig. N. F. VI. Bd. 2 H. Danzig 1885. S. 68.

[3]) J. v. Pannewitz, Das Forstwesen von Westpreussen in statistischer, geschichtlicher und administrativer Hinsicht. Berlin 1829, S. 26.

[4]) F. Hellwig. Bericht über die vom 23. August bis 10. October 1882 im Kreise Schwetz ausgeführten Excursionen. Bericht über die VI. Versammlung des

geführt hatte. Erst als durch die oben erwähnten Fragebogen die Aufmerksamkeit auf diese seltene Baumart gelenkt wurde, entdeckte man zu Anfang des Winters 1890/91 ein Exemplar im Schutzbezirk Neuhaus. Dasselbe wächst ungefähr sieben Kilometer südlich von der Oberförsterei in der nördlichen Hälfte des Jagens 57, in einem ebenen, bisweilen schwach welligen Gelände, das aus humosem Sand, stellenweise mergelhaltigem Lehm, mit kleinen Brüchen besteht. Dieser Boden (II./III. Kl.) trägt 80- bis 100jährige Kiefern und daneben Espen, Birken, sowie einzelne Eichen; als Unterholz kommt Wachholder vor. Aus dem Umstande, dass dieser Kiefernbestand mit vielen Weichhölzern gemischt ist, ergiebt sich, dass derselbe aus Naturaussamung hervorgegangen und aus alter Zeit überkommen ist.

Die Eibe misst über dem Wurzelknoten 7 cm Umfang und theilt sich sehr bald in zwei fingerdicke Stämmchen, welche etwa 0,5 m hoch sind; ein Seitenast ist 1 m lang. Das obere Ende ist dürr, wahrscheinlich in Folge Fegens durch einen Rehbock; Blüten sind nicht vorhanden.

Im vorigen Sommer hat der Forster von Neuhaus noch eine zweite Eibe, 1 km südlich von jener, im Jagen 52 desselben Schutzbezirkes entdeckt. Dieser Standort liegt in einem 100jährigen Kiefernbestande, dicht an einer mit Erlen bedeckten, bruchigen Stelle am Rischkefliess. Später wurde dieses Exemplar von demselben Forster zwischen Eichen in den Jagen 50 verpflanzt.

Wenn man erwägt, dass diese beiden Eiben im Schutzbezirk Neuhaus erst kürzlich aufgefunden sind, kann man wohl vermuthen, dass auch noch andere Exemplare in dortiger Gegend vorhanden sein mögen. Ob wir es hier aber mit einem ehemals grösseren *Taxus*-Vorkommen zu thun haben, scheint mir zweifelhaft zu sein, zumal alte Stubben bislang nicht aufgefunden sind. Anderseits ist zu berücksichtigen, dass der nachfolgend

Westpr. Botanisch-Zoologischen Vereins zu Dt. Eylau, Schriften der Naturforschenden Gesellschaft in Danzig. N. F. VI. Bd. I. H. Danzig 1884. S. 52.

zu behandelnde Ziesbusch nur 7,5 km. entfernt liegt, und dass also die Samen von dort leicht hierher gebracht sein können.

9. Schutzbezirk Lindenbusch.

Der grosste Horst lebender Eiben unserer Provinz liegt im sog. Cis- oder Ziesbusch, Schutzbezirk Lindenbusch, Jagen 61 s. Derselbe wird sowohl in den Forstacten, als auch in der forstlichen und botanischen Literatur vielfach genannt, ist jedoch in weiteren Kreisen kaum bekannt geworden. Wie schon oben erwähnt, führt der preussische Florist Gottfr. Hagen zu Anfang dieses Jahrhunderts[1]) überhaupt keinen westpreussischen Eiben-Standort, also auch nicht den Ziesbusch an. Dagegen heisst es in den reponirten Acten der Königl. Regierung zu Marienwerder: „Im Jahre 1826 ist eine Forstfläche, der Ziesbusch genannt, von 231 Mg. in 15 Parzellen in Erbpacht ausgethan und ist die so begründete Kolonie 1827 „Eibenhorst" genannt worden." Ferner berichtet v. Pannewitz bald darauf[2]): „es findet sich auch noch ein Forstdistrict, worin *Taxus* vorhanden ist, welcher bei Lindenbusch liegt, zur königlichen Forst gehört und seit den letzten Jahren streng geschont wird, um diese seltene und schöne Holzart nicht ausgehen zu lassen". Beachtenswerth sind auch die späteren Notizen über den Ziesbusch in den vorgenannten Acten. In der Bestandsbeschreibung von Lindenbusch, durch den Kgl. Reitenden Feldjäger und Conducteur Jeikel, aus dem Jahre 1834, heisst es betr. Jagen 35, Abth. 35 — jetzt Jagen 61 und Acker — „Kiefern und Espen, mit vielem Laubunterholz und werthlosem *Taxus* durchmischt, sehr lückenhaft bestanden". Ferner betreffend den eigentlichen Ziesbusch, Jagen 35, Abth. 30 — jetzt Jagen 61 a — „Kiefern von 70 bis 90 Jahren mit einzelnen 150jährigen werthlosen Linden, sowie mit 15- bis 25jährigen Ellern, Birken,

[1]) C. G. Hagen, Chloris Borussica. Regiomonti 1819, pag. 326.
[2]) Jul. von Pannewitz, Das Forstwesen von Westpreussen in statistischer, geschichtlicher und administrativer Hinsicht. Berlin 1829. S. 29.

Espen und anderen Laubhölzern durchmischt. *Taxus baccata*, bis 100 Jahre alt, dominiren horstweise, sind aber hier ohne Werth, da sich für dergleichen Hölzer kein Absatz findet". In einer Verhandlung vom 16. Mai 1841, betr. die Forsteinrichtungsarbeiten der Oberförsterei Lindenbusch, welche vom Forstinspector Arendt und Oberförster Bock unterschrieben und vermuthlich von letzterem verfasst ist, heisst es:

Cap. IX. Ueber sonstige für den Forstmann, Jäger und Naturforscher interessante Gegenstände. „Als interessant dürfte der im hiesigen Reviere, Belauf Brunstplatz, gleichsam wie eine Oase in der Wüste belegene Ziesbusch anzusehen sein. Zies ist der polnische Ausdruck für Eibe, *Taxus*. Es besteht derselbe aus zwei circa 67 Morgen grossen Erhöhungen, von Brüchern und dem Mukrz-See umgeben. Der Boden im Untergrunde besteht grösstentheils aus schlechtem Sande, ist aber mit einer dichten Dammerdeschicht bedeckt und erhält durch die umgebenden und einschneidenden Brücher, durch den See eine hinreichende, die Vegetation sehr befördernde Feuchtigkeit. Man findet in diesem Ziesbusch, ausser der Kiefer, die sich in einzelnen sehr schönen Exemplaren vorfindet, die Eibe, die die Hauptzierde des Bestandes ausmacht. Es giebt Stämme, die an der Erde 10 bis 12 Zoll im Durchmesser haben und 20 bis 36 Fuss hoch sind. Leider sind diese starken Stämme ihres gewiss hohen Alters wegen kernfaul und zum Theil zipfeldürr. So freudig der junge Nachwuchs dieser Holzart an diesem Orte vegetirt, so sind die Versuche, mit so grosser Vorsicht und Mühe sie auch unternommen worden sind, junge *Taxus*-Stämmchen durch Verpflanzung an anderen Orte fortzubringen, fehlgeschlagen. Der Mangel der Beschattung, an welche die jungen Stämmchen von Jugend auf gewöhnt sind, mag das Misslingen der Versuche wohl herbeigeführt haben. Ferner gedeihen hier freudig: die Linde, die Birke, die Erle, die Eiche in einigen noch jungen Exemplaren, die Esche, der Ahorn, die Hainbuche, die Rüster, Espe, einige Weidenarten, Hasel, Eberesche, Tran-

benkirsche, der Holzapfelbaum, Weissdorn, Hartriegel, Faulbaum, Wachholder, Schwelkenbeerstrauch, Spindelbaum, die Heckenkirsche, Hagebuttenrose, der schwarze Johannisbeer- oder Ahlbeerstrauch, Himbeerstrauch, Kellerhals, Ephen, das Heidekraut, die Heidelbeere, Preisselbeere und Moosbeere, das Sinngrün, die Mistel in grosser Anzahl auf fast allen Stämmen. Eine besonders merkwürdige, selten gefundene Staude, die ihren deutschen Namen von der Form der Blüte hat, der Frauenschuh, kommt mit dem am Rhein so beliebten Waldmeister vielfach vor, überhaupt ist der Blumenflor überraschend und macht, vereinigt mit den mancherlei Blüten der Bäume, Sträucher etc., den Ziesbusch zum Park, der wohl verdiente, durch die Kunst etwas unterstützt zu werden."

Wider diese Actenstärke noch das Werk des Oberforstmeisters von Pannewitz sind in weiteren Kreisen bekannt geworden, denn in der ganzen einschlägigen botanischen Literatur wird hierauf nicht Bezug genommen. Klinggraeff (der Aelt.)[1] erwähnt, dass von Nowicki bis 30 Fuss hohe Eibenstämme in der Tuchel'schen Heide bei Lindenbusch gesehen habe, und Putze, Meyer und Elkan[2] geben diese Fundortsangabe Nowicki's wieder, versetzen aber den Ziesbusch nach Thorn; dieser Irrthum ist wahrscheinlich daraus entstanden, dass v. Nowicki Gymnasialprofessor in Thorn war. Kornicke[3] berichtete auf einer Versammlung des Preussischen Botanischen Vereins am 11. Juni 1862 zu Elbing, dass *Taxus*, „nach den Mittheilungen des Waldauer Academikers Nitikowski ziemlich zahlreich im Süden Westpreussens, in dem Bezirke der Oberförsterei Lindenbusch" wachse und daselbst reife Früchte bringt. Köhling[4] führt

---

[1] C. J. v. Klinggraeff. Flora von Preussen. Marienwerder 1848. S. 384.

[2] C. Patze, E. Meyer und L. Elkan. Flora der Provinz Preussen. Königsberg 1850. S. 118.

[3] Fr. Körnicke. Beitrag zur Flora der Provinz Preussen und Posen. Schriften der K. Physikalisch-Oekonomischen Gesellschaft zu Königsberg III. Jhrg. 1862. S. 157.

[4] L. Köhling. Verzeichniss der von mir auf zwei Reisen anfangs Juni und Ende Juli 1862 zwischen

gegen Ende desselben Jahres in einem Pflanzen-Verzeichniss aus den Kreisen Tuchel und Schwetz: *Taxus baccata* L. von Lindenbusch auf, ohne weitere Erläuterungen hinzuzufügen, und im zweiten Nachtrag zur Flora von Preussen[1]) bemerkt **Klinggraeff** d. Aelt., dass er selbst die von Kühling gesammelten Eibenzweige aus Lindenbusch gesehen habe. R. Caspary scheint in den 60er Jahren den Ziesbusch noch nicht gekannt zu haben, denn in einer im Manuscript vorhandenen Beschreibung des Eiben-Standortes bei Lubianen (Herbarium des Königl. Botanischen Gartens in Königsberg i. Pr.) sagt er: „dort findet sich die grösste Menge von Eibenbüschen, die Preussen aufzuweisen hat" (vgl. S. 18 Fussnote 6). In der Culturgeschichte des Schwetzer Kreises vom damaligen Oberregierungsrath **Wegner**[2]) heisst es: „der fremdartige *Taxus* überrascht uns gruppenweise in dem reizenden Zizebusch bei Lindenbusch." Im Jahre 1873 stattete **Ball** dem Ziesbusch einen Besuch ab und hat darüber eine kurze Notiz, worin auch eine Messung angegeben ist, veröffentlicht[3]). **Klinggraeff** d. Jüng. giebt 1880 in der Topographischen Flora[4]) nur die vorerwähnte Bemerkung seines Bruders wieder, besuchte aber im folgenden Jahre selbst die Oertlichkeit und erwähnt dieselbe später mit wenigen Worten[5]). Als F. **Hellwig** von Seiten des Westpreussischen Botanisch-Zoologischen Vereins mit der botanischen Durchforschung eines Theiles des Schwetzer Kreises im Herbst 1882 und 1883 betraut wurde, kam er auch nach Lindenbusch und schilderte später das dortige Eiben-Vorkommen in kurzen Zügen[1]). Ferner hat R. **Hohnfeldt** im Auftrage desselben Vereins botanische Excursionen im Kreise Schwetz 1885 ausgeführt und einige Maasse der Eiben von Lindenbusch mitgetheilt[2]), und endlich wird auch von R. **Schütte** in seinem oben erwähnten Werkchen[3]) des Ziesbusches gedacht. Beiläufig möge noch die Bemerkung J. **Trojan**'s[4]), der „Eibenstand in der Tucheler Heide" sei verschwunden, dahin berichtigt werden, dass der Ziesbusch, welcher nur damit gemeint sein kann, nach wie vor auf das Herrlichste grünt und gedeiht. Ausser diesen Angaben ist mir über das Vorkommen bei Lindenbusch nichts bekannt geworden, und ich lasse daher eine ausführlichere Beschreibung desselben hierunter folgen.

Der Ziesbusch ist ungefähr 0,5 km östlich von der Oberförsterei Lindenbusch, auf einer inselartigen Erhebung, malerisch am Mukrz-See gelegen. Während er so im Norden von Wasser begrenzt ist, wird er auf allen anderen Seiten von Wiesen umgeben, und stellt daher selbst eine ehemalige Insel vor. Heute führt von der Oberförsterei, an der Samendarre vorbei, ein aufgeschütteter und umsäumter Damm durch die Wiesen nach dem Ziesbusch. Dieser steht auf einem hügeligen, frischen Sandboden von 18,5 ha. d. h.

Bahnhof Kotomirz, Gr. Bislaw bei Tuchel und Bahnhof Terespol als bemerkenswerth aufgenommenen Pflanzen. Ebd. IV. Jahrg. 1863. S. 35.

1) C. J. v. **Klinggraeff**. Die Vegetationsverhältnisse der Provinz Preussen. Marienwerder 1866 S. 139

2) R. **Wegner**. Ein pommersches Herzogthum und eine deutsche Ordens-Komthurei. Kulturgeschichte des Schwetzer Kreises. Posen 1872. Einleitung. S. 28.

3) Ball, Kürzere Mittheilungen. III. Ein Eibenwald in Westpreussen. Schriften der Naturforschenden Gesellschaft in Danzig. N. F. III. Bd. 2. H. Danzig 1873.

4) H. v. **Klinggraeff**. Versuch einer topographischen Flora der Provinz Westpreussen. Ebd N. F. V. Bd. 1 2 H. Danzig 1881. S. 179.

5) H. v. **Klinggraeff**. Bereisung des Schwetzer Kreises im Jahre 1881. Bericht über die V. Versammlung des Westpr. Botanisch-Zoologischen Vereins zu Kulm. Schriften der Naturforschenden Gesellschaft zu Danzig. N. F. V. Bd. 4. H. Danzig 1883. S. 32.

1) F. **Hellwig**. Bericht über die vom 23. August bis 10. October 1882 im Kreise Schwetz ausgeführten Excursionen. Bericht über die VI. Versammlung des Westpreussischen Botanisch-Zoologischen Vereins zu Dt. Eylau. Schriften der Naturforschenden Gesellschaft in Danzig. N. F. VI. Bd. 1 H. Danzig 1884. S. 52.

2) R. **Hohnfeldt**. Beitrag zur Flora des Kreises Schwetz. Bericht über die VIII. Versammlung des Westpr. Botanisch-Zoologischen Vereins zu Dirschau. Schriften der Naturforschenden Gesellschaft in Danzig. N. F. VI. Bd. 3 H. Danzig 1886. S. 197.

3) R. **Schütte**. Die Tucheler Haide. Konitz 1889. S. 68.

4) J. **Trojan**. Von Strand und Haide. Minden i. W. 1889. S. 47.

etwa 70 preuss. Morgen Grosse. Während die bruchigen Senkungen überwiegend mit Erlen, *Alnus glutinosa* Gärtn., bestanden sind, bilden in den höher gelegenen Partieen nahezu 200jährige Kiefern den Hauptbestand. Daneben treten hier verschiedene Laubhölzer, wie Hainbuche, Espe, Birke und Linde, seltener *Quercus Robur* L., *Acer platanoides* L., *Ulmus campestris* L., *Pirus communis* L., *Fraxinus excelsior* L., *Sorbus aucuparia* L. und *Alnus glutinosa* Gärtn. auf; ausserdem finden sich als Unterholz: *Taxus baccata* L., *Corylus Avellana* L., *Evonymus europaea* L., *Cornus sanguinea* L., *Viburnum Opulus* L., *Rhamnus Frangula* L., *Crataegus*, *Salix*-Arten u. a. m.

Die Eibe erscheint hier als Unter- bezw. Zwischenholz theils einzeln, theils horstweise, im Ganzen aber so zahlreich, dass sie die Physiognomie des Zieslonsches bestimmt; in demselben sind nach Schätzung des Herrn Oberförsters Friese weit mehr als tausend lebende Pflanzen vorhanden. Dieselben sind zum Theil männlich, zum Theil weiblich, letztere tragen reichlich Früchte, welche sich im Reifezustand von dem dunkeln Grün der Nadeln vorzüglich abheben. Die Eiben kommen in fast allen Altersklassen vor, wenngleich die mittleren, vielleicht in Folge zu starker Beschattung, seltener sind; der junge Aufschlag in ein- bis zweijährigem Alter ist natürlich besonders häufig. Die Eiben sind hier vorherrschend baumartig und erreichen eine Höhe von mehr als 13 m. Bail und Hellwig geben a. a. O. nur 10 Fuss bezw. 10 m als grösste Höhe an, jedoch hat Herr Oberförster Friese in Lindenbusch im Herbst 1894 folgende Maasse festgestellt:

1. Eibe 12,10 m hoch, mit 81 cm Stammumfang in 30 cm Höhe,
2. „ 12,55 „ „ „ 120 cm Stammumfang in 30 cm Höhe,
3. „ 13,10 „ „ „ 96 cm Stammumfang in 30 cm Höhe.

Viele Stämme sind nicht rund, sondern nach Art der Weisbuche — mehr oder weniger spannrückig; selten sind sie ganz gesund, vielmehr meistens kernfaul, was vielleicht auf äussere Verletzungen, Astbrüche

und Baumschlag zurückzuführen ist. Sie besitzen eine grosse Reproductionsfähigkeit und verjüngen sich hauptsächlich durch Stockausschlag; viele Stöcke sind aber auch gänzlich abgestorben. Auf diese Weise gewähren die Eiben im Zieslosch einen sehr mannigfaltigen und seltsamen Anblick; bald erheben sie sich als schlanke Bäume mit voller Belaubung und reichlichen Früchten hoch in die Luft, bald bilden sie nur niedrige Sträucher, deren Zweige innig miteinander verschlungen sind, und bald sind es bemooste todte Stöcke von krüppelhaften Formen.

Den Stammumfang der Eiben betreffend, erwähnt Pannewitz (a. a. O.), dass die stärksten Stämme an der Erde 10 Zoll Durchmesser besitzen, was einem Umfang von 82 cm entsprechen würde. Hingegen führt Bail (a. a. O.) an, dass das dickste von ihm gemessene Exemplar 1,22 m in einer Höhe von 1,26 m hatte. Mehrere Maasse werden auch von Hohnfeldt (a. a. O.) mitgetheilt. Er sagt: „Die stärkeren Stämme haben in 1 m Höhe 80 bis 90 cm Umfang, einzelne maassen in derselben Höhe 97, 108, 116, 120, 123 (!) dabei, 133 cm; der stärkste Stamm hatte in 15 cm Höhe 198 cm, in 90 cm Höhe noch 187 cm im Umfang. Die beiden letzteren Stämme theilten sich bald über der gemessenen Stelle. Auf Nachfrage theilte Herr Dr. Hohnfeldt, jetzt in Zoppot, am 11. Nov. pr. mir mit, dass die letztgenannte Eibe links vom Hauptwege von Elsenau nach dem Spielplatz im Zieslosch steht. Ich hatte dieselbe nicht gesehen und bat daher nachträglich Herrn Oberförster Friese um Auskunft. Dieser versichert, dass jene Eibe nicht einen Stamm mit Gabelung vorstellt, sondern von der Wurzel an aus zwei Stämmen, die sich bei 1,10 m Höhe trennen, zusammengewachsen ist; die Verwachsungsnarbe lasse sich noch bis zum Boden verfolgen. Schütte (a. a. O.) meint, dass die Stärke der Eiben nicht oft über 15 cm hinausgeht, was nur einem Umfang von 47 cm entsprechen würde. Ich selbst habe noch folgende Messungen ausgeführt:

Eine Eibe von 9 m Höhe hatte am Boden 130 cm und in 1 m Höhe 93 cm Umfang.

Daneben stand eine ca. 30 m hohe Kiefer, deren Umfang entsprechend 280 bezw. 258 cm betrug; das Alter derselben wird auf 200 Jahre geschätzt. Eine zweite Eibe von 6 bis 7 m Höhe maass über dem Erdboden 130 cm und in 1 m Höhe 115 cm Umfang. Dieses Exemplar war im Absterben begriffen, und einzelne Äste waren bereits trocken, aber nichts desto weniger begrünte es sich wiederum von Neuem unmittelbar am Stamm. Eine dritte Eibe, welche am Rande des Ziesbusches, dicht an der Wiese steht, ist etwa 10 m hoch und hat einen Umfang von 180 bezw. 150 cm. Dieser Baum, dessen Beastung in 1,75 m Höhe beginnt, ist völlig gipfeldürr und bereits auf $^2/_3$ Stammumfang abgestorben. Derselbe übertrifft bei Weitem die von Pannewitz und von Bail gemessenen Exemplare und ist nach meiner Kenntniss überhaupt der stärkste lebende Eibenbaum im ganzen Ziesbusch.

Wie bereits oben erwähnt, ist die Eibe in nahezu allen Alters-klassen vorhanden, und schon dieser Umstand allein deutet darauf hin, dass sie hier spontan vorkommt; überdies reichen viele Bäume vermöge ihres hohen Alters in eine Zeit zurück, als von einer Cultur in der Tucheler Heide überhaupt nicht die Rede war. Der ganze Ziesbusch zeigt keinerlei Spuren eines regulären Abtriebes und ist seiner Zusammensetzung und seiner Lage nach durchaus als Ueberrest des ursprünglichen Waldes zu betrachten. In früherer Zeit bildete vornehmlich die Unzugänglichkeit einen natürlichen Schutz, und in neuerer Zeit, d. h. seit länger als 60 Jahren, wird auf die Erhaltung des Bestandes die peinlichste Sorgfalt Seitens des Staates verwendet. Dennoch kommt es auch jetzt noch vor, dass die frischen Eibenzweige und -äste abgeschnitten oder abgerissen werden, um zu Sträussen und Kränzen oder auch zu anderen Decorationszwecken verwendet zu werden. Da der Ziesbusch durch langjährige, liebevolle Pflege Seitens des früheren Oberförsters Bock, daselbst, an vielen Stellen ein parkartiges Ansehen erhalten hat und überdies mit einem geräumigen Saalbau und Schiessstand versehen ist, erfreut er sich auch einer grossen Beliebtheit in der dortigen Gegend und wird bisweilen zu geselligen Vereinigungen benützt. Es ist selbstverständlich, dass bei derartigen Anlässen die Eiben vom Publikum mehr oder weniger angegangen werden. Wenn sie auch im Allgemeinen das Schneiden gut ertragen, so machen sich doch bei fortgesetzter Manipulation auch Nachtheile geltend. Ueberdies mögen früher grössere Beschädigungen durch Baumschlag beim Fällen oder beim Windbruch herbeigeführt sein, denn die sperrigen, zwar eisenharten, aber spröden Äste der Eibe brechen leicht, wenn sie von einem fallenden Stamm getroffen werden. Gegenstand der Nutzung sind die Eiben, wenigstens in diesem Jahrhundert, nicht gewesen; überhaupt sollen sie vom Hiebe gänzlich verschont werden.

Ausserhalb des Ziesbusches bemerkte ich noch mehrere alte *Taxus* in einem gemischten Gehölz nahe der Samendarre. Ferner kommen auch im übrigen Revier ganz vereinzelte Eibenpflanzen, die etwa 20jährig sind, mitten in Kiefernbeständen vor. Auch hier liegt die Möglichkeit vor, dass die Eiben seiner Zeit dorthin entweder von Beamten aus Liebhaberei verpflanzt oder durch Vögel verschleppt sind.

Adl. Gut Lowinek.

In dem parkartig gehaltenen Garten von Lowinek unweit Pr.ust an der Ostbahn sind mehrere Eiben vorhanden, die hier einer kurzen Betrachtung unterzogen werden müssen. Vor der nach dem Garten gekehrten Front des Herrenhauses, durch einen schmalen Rasen und Weg von diesem getrennt, steht rechts und links je ein prächtiger Eibenbaum, die als I und II bezeichnet werden mögen. No. I, mit einem Nebenstamm versehen, ist etwa 6 m hoch und misst am Boden 161, in 1 m Höhe 98 cm Umfang; sein Wachsthum wird von einem nahestehenden, 16 m hohen Wallnussbaum, der am Boden 2,26 m Umfang hat, wesentlich beeinträchtigt. No. II erreicht 7,5 m Höhe, misst aber nur 153 cm am Boden, dagegen 113 cm in 1 m Höhe. In grösserer Entfernung hinter dieser Eibe steht eine andere (III), von 7 m Höhe und 110 cm bezw. 64 cm Stammumfang, und in der gleichen Entfernung hinter *Taxus* I befindet sich ein viertes, fünftheiliges Exemplar von ebenfalls 7 m Höhe. Ferner steht in weiterem Abstand hinter III und IV, die übrigens von Fichten stark beschattet werden, noch ein fünftes, 7,3 m hohes Exemplar mit Nebenstamm; es misst in 0,53 m Höhe 94 cm Umfang. In der hinteren Region des Gartens stehen noch mehrere junge *Taxus*-Stämmchen, und überdies sind an verschiedenen Stellen, zwischen Weissbuche und Rüster, Linde und Ahorn, Haselnuss- und Fliedergebüsch zahlreiche, im Ganzen weit über hundert Keimlinge aufgeschlagen. Eine junge Pflanze von 16 cm Höhe hat auch auf der nicht abgeputzten Mauer des Hauses, gegenüber der grossen Eibe II, Wurzel geschlagen.

Angesichts der nicht unbeträchtlichen Stärke, vornehmlich der beiden ersten Eibenbäume (I und II), könnte die Frage aufgeworfen werden, ob sie hier etwa spontan wachsen und als Ueberreste eines ehemaligen Horstes aufzufassen sind. Indessen ist zu berücksichtigen, dass Bäume im Allgemeinen im Garten viel schneller wachsen, als im Freien, und dass daher der Stammumfang dieser Eiben nicht ohne Weiteres mit dem anderer Bäume im Freien, rücksichtlich des Alters, verglichen werden darf. Ferner habe ich mich in loco davon überzeugt, dass die *Taxus* I, II, III und IV in regelmässigen Abständen von einander stehen und symmetrisch vor der Rückfront des Herrenhauses angeordnet sind. Im Uebrigen stellt Lowinek eine alte Anlage dar, deren Existenz sich bereits um die Mitte des 15. Jahrhunderts nachweisen lässt, und es steht daher der Annahme nichts entgegen, dass jene Eiben hier einst künstlich gepflanzt sind[1]. Auch der langjährige Besitzer dieses Rittergutes, Herr Liedke, stimmt dieser Ansicht bei[2]. Was die Herkunft der Eiben betrifft,

so darf weiter vermuthet werden, dass sie aus dem Ziesbusch herrühren, der nur 17,4 km von hier entfernt liegt.

Ich schliesse hier noch die Mittheilung einer Erscheinung an, welche ich im December v. J. an der Eibe II wahrnahm. Dieselbe ist nämlich bis unten beästet, und an den unmittelbar dem Erdboden aufliegenden Aesten hatten sich Adventivwurzeln gebildet, welche in die Humusdecke eingedrungen waren. In keinem anderen Falle ist mir an *Taxus* eine ähnliche Thatsache bekannt geworden, wobei freilich berücksichtigt werden muss, dass ich nirgend wieder in unserer Provinz Eiben angetroffen habe, die noch bis unten mit Aesten versehen waren. Es ist sehr wohl möglich, dass im einstigen Urwalde diese Erscheinung häufiger gewesen, und dass auf diese Weise auch eine Verjüngung der Eibenhorste herbeigeführt werden konnte. Uebrigens ist es in den Kreisen unserer Gärtner wohl bekannt, dass man *Taxus* auf die vorerwähnte Art durch Senker vermehren kann. Man legt einen mit dem lebenden Baum in Verbindung bleibenden Zweig auf den Boden und bedeckt ihn mit Erde, die feucht gehalten wird. Nach Verlauf eines oder zwei Jahre ist der Zweig an dieser Stelle bewurzelt. Die aus solchen Senkern erwachsenden Pflanzen sollen sich nicht baumartig, sondern immer nur strauchartig entwickeln.

Beiläufig sei daran erinnert, dass auch an der Fichte der oberen Bergregion die untersten dem Boden aufliegenden Aeste bisweilen Wurzeln schlagen, worauf sich ihre Spitzen häufig gerade emporrichten und zu Tochterstämmen auswachsen. Die untersten Aeste der letzteren können wieder zu natürlichen Absenkern werden und Enkelstämme bilden. Auf diese Weise entstehen oft kreisrunde Gruppen von Fichten mehrerer Generationen, in deren Mitte ein alter Mutterstamm sich befindet. Nach Willkomm[3] kommt diese Fichte in der

---

[1] Nach R. Wegner's Kulturgeschichte des Schwetzer Kreises II. Th. S. 55 u. 212 wird ein Besitzer Otto von Lowynek schon in den Jahren 1441—50 erwähnt.

[2] Im Anschluss an diese Eiben von Lowinek sei bemerkt, dass auch sonst in der Provinz zahlreiche Exemplare in Gärten und Parkanlagen vorhanden sind. Ich erwähne die alten *Taxus* im Garten zur Halben Allee bei Danzig, in mehreren Gärten in Langfuhr, im Hambruch'schen Garten zu Elbing, im Park von Kro-

[3] M. Willkomm. Forstliche Flora von Deutschland und Oesterreich. Leipzig 1887. S. 79.

Region des Schneebruchs im Harz, Thüringerwald, Erz-, Fichtel-, Riesengebirge, im Baierischen und Bohmerwald etc. vor, und er nennt sie daher auch Schneebruchfichte. Ich selbst habe dieselbe im Jahre 1890 am Burgwall der Luisenburg unweit Wunsiedel im Fichtelgebirge kennen gelernt. Die unteren Aeste lagen hier unmittelbar auf, theilweise sogar in der feuchten Moosdecke und hatten zahlreiche Adventivwurzeln gebildet. Uebrigens ist es beachtenswerth, dass sich diese Schneebruchfichte hin und wieder auch in der norddeutschen Zone, besonders in den baltischen Provinzen, vereinzelt vorfinden soll (a. a. O. S. 71); indessen dürfte sie in unserer Provinz nicht leicht anzutreffen sein, da *Picea excelsa* Lk. als Waldbaum hier überhaupt zurücktritt.

Kreis Tuchel.

Im südöstlichen Theile des Kreises, unweit der Grenze gegen den Kreis Schwetz, liegen die beiden Landgemeinden Iwitz und Neu Iwitz. Es wäre möglich, dass diese Ortsnamen mit der Bezeichnung Iw = Eibe in ursächlichem Zusammenhange ständen, wenn auch gegenwärtig keine Eiben dort vorkommen. Immerhin ist zu bemerken, dass Iwitz nur 4 km von der Oberförsterei Lindenbusch im Kreise Schwetz entfernt liegt. Auch im Uebrigen ist unsere Pflanze im Tucheler Kreise nicht bekannt geworden.

Kreis Konitz.

Klinggraeff d. Jüng. führt als Standort der Eibe u. a.: „Am See von Sommin im Kreise Konitz: Caspary" an[1], und Prätorius hat diesen Fundort, ohne den Beobachter zu nennen, in seine Flora[2] übernommen. Ebenso wie eine frühere Angabe (vgl. S. 15), dürfte auch diese aus den Berichten des Preussischen Botanischen Vereins in Königsberg stammen, indessen habe ich auch in diesem Falle nichts Bestimmtes hierüber in Erfahrung bringen können. Im Provinzial-Herbarium daselbst ist dieser Fundort nicht vertreten, und in den von Caspary hinterlassenen Notizen konnte ebenso wenig etwas hierauf Bezügliches aufgefunden werden. Ich reiste im Mai 1891 an den Somminer See, der im äussersten Norden des Konitzer Kreises liegt und zum Theil schon zum Kreise Bütow gehört. Weiter nördlich grenzt der Kleine Somminer See an, dessen eine Hälfte im Bütower und dessen andere im Berenter Kreise liegt. Ich beging die Ufer des Somminer Sees, der immerhin 3,5 km lang ist, und fand verschiedene frische, feuchte Stellen mit Erlen, Weiden, Ebereschen und auch Kiefern, daneben Wachholder als Unterholz. Diese kleinen Bestände sind ähnlich denjenigen am Garczinflues unweit Lubianen, jedoch vermochte ich keine Spur von Eiben zu entdecken. Trotz dieses ungünstigen Ergebnisses darf das Eiben-Vorkommen am Somminer See noch nicht in Abrede gestellt werden, und es muss späterer Zeit vorbehalten bleiben, von Neuem eingehende Recherchen in loco anzustellen.

Auch an anderen Orten im Kreise Konitz habe ich *Taxus baccata* weder lebend, noch abgestorben angetroffen, nichts desto weniger hielt ich eine Gegend desselben für besonders Eiben-verdächtig. Der Sitz der Königlichen Oberförsterei Czersk heisst nämlich Ciss, und ein 11,5 km nördlich hiervon gelegenes Gut führt den Namen Cissewie. Auf eine Anfrage theilte Herr Regierungs- und Forstrath Feddersen in Marienwerder mir mit, dass das Czersker Revier aus der im Jahre 1843 angekauften Herrschaft Czersk und aus der im Jahre 1844 angekauften Herrschaft Mokrau zusammengesetzt ist. Der Wohnsitz des Oberförsters befand sich zuerst in Czersk und wurde 1848 nach dem Domänen-Vorwerk Ciss verlegt, das gleichzeitig mit den genannten Herrschaften durch den Fiscus erworben war. Leider hat sich über die Bezeichnung Ciss actenmässig nichts feststellen lassen.

---

[1] H. von Klinggraeff. Versuch einer topographischen Flora der Provinz Westpreussen. Schriften der Naturforschenden Gesellschaft in Danzig N. F. V. Bd. 1/2 Heft. Danzig 1881. S. 179.

[2] Prätorius. Zur Flora von Konitz. Programm des Königl. Gymnasiums, Konitz 1869. S. 61.

Ich erinnerte mich, während eines früheren Besuches in Ciss. von Herrn Forstmeister Feussner vernommen zu haben, dass er bei seinem dortigen Dienstantritt eine niedrige Eibe im Garten vorgefunden hatte. Nach den jetzt von ihm angestellten Recherchen hat sich aber ergeben, dass dieselbe nicht etwa ursprünglich gewachsen, sondern gegen Ende der 40er oder zu Anfang der 50er Jahre aus Lindenbusch bezogen und hierher verpflanzt worden ist. Obschon es bisher nicht gelungen ist, ein spontanes Vorkommen von *Taxus baccata* in dieser Gegend aufzufinden, halte ich es für wünschenswerth, dass auch in Zukunft hier sowohl auf verkümmerte Sträucher, als auch auf Stubben gefahndet werde, welche beide der Beobachtung sich leicht entziehen können. Auch R. Schütte spricht in seinem Werkchen[1]) die Ansicht aus, dass die Namen der Oberförsterei Ciss und des Gutes Cissewie auf eine ehemalige grössere Verbreitung der Eibe in jener Gegend schliessen lassen.

Ferner sagt F. W. F. Schmitt gelegentlich der Beschreibung der Tucheler Heide: „Am Schwarzwasser findet sich auch mitunter der Baum, welcher nach der griechischen Mythologie die Ufer des Styx begleitete. Die Eibe (*Taxus baccata*) wächst hier theils von Natur, theils ist sie durch die preussischen Forstbeamten angepflanzt"[2]). Nun ist zwar das Schwarzwasser lang und durchfliesst nicht nur den Kreis Konitz, sondern auch die Kreise Pr. Stargard und besonders Schwetz, jedoch hat der Verfasser wohl zunächst den oberen Theil des Flusses im Sinne gehabt, da er unmittelbar darauf von Odri etc. im Kreise Konitz spricht. In der Nähe von Odri liegt das vorerwähnte Gut Cissewie, an welchem überdies das Schwarzwasser vorbeigeht. Um eine nähere Auskunft über jene unbestimmte Angabe zu erlangen, suchte ich persönlich Herrn Dr. Schmitt, der jetzt in Zempelburg lebt, auf; indessen konnte er sich nicht mehr erinnern, aus welchen Quellen er seiner Zeit geschöpft hatte. Hiernach muss immerhin die Gegend am oberen Schwarzwasser als Eiben-verdächtig angesehen werden.

Kreis Schlochau.

An den Kreis Konitz schliesst sich westlich der Kreis Schlochau an, welcher zusammenhängende grosse Forsten umfasst, die jetzt nahezu sämmtlich in fiscalischem Besitze sind. Im westlichsten Theile, nahe der Grenze unserer Provinz nach Pommern (Kr. Neustettin), liegen drei Eiben-Standorte. Der eine derselben, im Schutzbezirk Georgenhütte, repräsentirt einen grossen Horst lebender Bäume, während der zweite, auf dem Kleinen Benwerder, nur zwei grüne Sträucher und der dritte, auf dem Grossen Benwerder, lediglich abgestorbene Stöcke enthält. Nachfolgend werden diese Fundorte ausführlich beschrieben werden.

Pannewitz erwähnt in seinem oftercitirten Werk[1]) das Vorkommen der Eibe bei Hammerstein. Der Schutzbezirk Georgenhütte umfasst zwar das bei Weitem grössere Vorkommen und liegt auch näher der Stadt; dennoch scheint es mir fraglich, ob Pannewitz diesen Standort gemeint hat, weil er damals nicht in der königlichen Forst gelegen und aus diesem Grunde vielleicht nicht zu seiner Kenntniss gelangt war. Vielmehr ist es mir wahrscheinlich, dass Pannewitz die Eiben von Benwerder im Sinne gehabt hat, welche auch nur 11 km von Hammerstein entfernt stehen.

10. Schutzbezirk Georgenhütte.

Taf. I. Fig. 2.

Im NNO. von Hammerstein, ungefähr 6 km von dieser Stadt entfernt, liegt ein vielfach zerrissener, ehemaliger Werder von etwa 190 ha Flächeninhalt, welcher heute ringsum von nassen Wiesen umgeben wird; der östliche Theil dieses Werders mit ungefähr

---

[1] R. Schütte. Die Tucheler Haide. Konitz 1889. S. 69.
[2] F. W. F. Schmitt. Die Provinz Westpreussen. Thorn 1879. I. S. 15.

[1] J. v. Pannewitz. Das Forstwesen von Westpreussen in statistischer, geschichtlicher und administrativer Hinsicht. Berlin 1829. S. 29

80 ha ist noch in seinem alten Waldzustand erhalten. Er weist anmoorigen Sand in oberer Lage auf und ist mit 170- bis 280-jährigen Rothbuchen, Eichen und Kiefern bestanden, zwischen welchen auch Birken, Erlen und Ebereschen vorkommen; das Unterholz wird von Haselnuss, Eiben und Wachholder gebildet. Dieses Gelände, welches auf alten Specialkarten den Namen „Dickwerder" führt, bildet die Jagen 76, 78, 90 und 91 (neu 104, 139, 140, 141) des Schutzbezirks Georgenhütte.

Die ganze Hammersteiner Forst, welche 1604 ha umfasst, gehörte früher dem Herrn von Carstenn in Gr. Lichterfelde und ging später in den Besitz der Firma S. D. Jaffé & Co. in Posen über. Am 1. November 1888 sind diese Waldungen als fiscalisches Eigenthum erworben, jedoch hat sich die genannte Firma noch für die Dauer von zehn Jahren die Holznutzung vorbehalten.

Die Eiben kommen hier einzeln oder gruppenweise eingesprengt, im Ganzen wohl in mehr als 600 Individuen vor; sie sind baumartig entwickelt und mit voller Belaubung versehen. Wie im Ziesbusch, treten auch hier männliche und weibliche Exemplare neben einander auf, jedoch dürften letztere seltener sein, da man Früchte nicht zu häufig sieht. Hieraus erklärt sich wohl auch die auffallende Thatsache, dass nur sehr wenige Keimpflanzen dort vorhanden sind. Der Stamm erscheint gewöhnlich conisch, von mehr oder weniger kreisrundem Querschnitt, und nicht selten theilt er sich in 0,5 m Höhe oder höher in zwei nahezu gleichwerthige Gabeläste; eine spannrückige Ausbildung habe ich hier sehr selten wahrgenommen. Ebenso wenig bemerkte ich, dass die Stämme kernfaul sind, wie es im Ziesbusch die Regel ist, vielmehr machten sie einen ziemlich gesunden Eindruck, obwohl natürlich Astbrüche und andere, kleine Verletzungen auch hier nicht ausgeschlossen sind. Einmal reinigen sich die Eiben selbst, und nur, wo sie freistehen, bleiben trockene Aeste am Stamm sitzen; überdies sind oft durch Viehtritt Beschädigungen hervorgerufen, zumal sämmtliche Ortschaften der Umgegend bis zum Jahre 1888 die Berechtigung hatten, ihr Vieh dort hineinzutreiben.

Was die Dimensionen der Eiben von Georgenhütte anlangt, so habe ich folgende Maasse festgestellt: Ein Baum von 6,5 m Höhe misst über dem Boden 92 cm und in 1 m Höhe 68 cm Umfang, ein zweiter Baum von 9 m Höhe, welcher sich in 1 m Höhe gabelt, 94 bezw. 75 cm Umfang, ein dritter von 5 m Höhe [?] bezw. 73 cm Umfang und ein vierter von 6 m Höhe 122 bezw. 75 cm Umfang; ein fünfter Baum von 7,5 m Höhe, welcher sich in 0,8 m Höhe gabelt, misst über dem Boden 114 cm und ein sechster von 8,5 m Höhe, welcher sich in 0,65 m Höhe in drei Gabeläste theilt, misst über dem Boden 137 cm Umfang. Die grösste Höhe, welche von den dortigen Eiben erreicht wird, dürfte 10 m nicht übersteigen.

Obschon die Eibe noch in einer stattlichen Anzahl von Exemplaren vorhanden ist, wird es auch hier schwer werden, sie zu erhalten. Voraussichtlich gelangt sie mit dem Abtrieb des Hauptbestandes gleichfalls zum Hieb und, wo sie verschont bleibt, kann sie den freien Stand nicht ertragen. Als ich am 13. Mai pr. diese Gegend besuchte, sah ich zahlreiche Bäume, die auf einer grossen, abgetriebenen Fläche stehen geblieben waren, indessen deuteten schon die gelben, welken Nadeln darauf hin, dass sie dem Untergange geweiht sind.

Wie in anderen Gegenden, liebte man es auch hier, frische Eibenzweige zum Schmuck von Kirchen und Kirchhöfen zu verwenden; ausserdem wurden auch die Wände öffentlicher Locale in Hammerstein mit Eibengrün bekleidet. Ferner herrschte hier die Sitte, zur Weihnachtszeit verschiedene Figuren aus Mehl herzustellen, welche mit einem kleinen *Taxus*-Zweig verziert wurden.

In Taf. 4, Fig 2 ist nach Aufnahmen des Königl. Preuss. Generalstabes in den Jahren 1874 bis 1875 im Maassstabe von 1 : 100 000 die Gegend von Georgenhütte dargestellt, um das für die Eibe charakteristische Vorkommen auf dem in mannigfacher Weise zerrissenen, von nassen Wiesen umgebenen und daher schwer zugänglichen „Dickwerder", inmitten der grossen Hammersteiner Heide, besonders zur Anschauung zu bringen.

11. und 12. Schutzbezirk Ibenwerder.
Taf. I. Fig. 3. — Taf. II.

Nicht weit von dem vorerwähnten Standort auf dem Dickwerder, aber durchaus gesondert von diesem, ist noch ein anderes Vorkommen von Eiben zu verzeichnen. Etwa 5 km im NNO. von Georgenhütte und 2 km im SSW. der Oberförsterei Zanderbrück liegt eine Gruppe von drei ehemaligen kleinen Inseln, welche heute ringsum von nassen Wiesen umgeben sind. Die nach NO. vorgeschobene, kleinste Insel führt den Namen Quitwerder, vermuthlich wegen des reichlichen Vorkommens der Vogelbeere oder Quitsche, *Sorbus aucuparia* L. Südsüdwestlich hiervon ist die zweite, etwas grössere Insel gelegen, welche der Kleine Ibenwerder genannt wird. Sie umfasst etwa 2 ha frischen, sandigen Bodens mit starker Humusdecke und besitzt einen 80- bis 100jährigen Kiefernbestand, der mit Rothbuchen, Eichen, Birken, Ebereschen, Wachholder u. s. untermischt ist. Am Rande dieses Terrains (Jagen 124 c), gegenüber dem Grossen Ibenwerder, und zwar südlich des hierauf stehenden Forstetablissements, finden sich zwei einzelne Eiben. Sie sind 0,5 bezw. 1 m hoch und von der Erde an breit belastet, aber in Folge vielfacher Beschädigungen durch Wild und Menschenhand im Wachsthum wesentlich aufgehalten. Daher ist das Alter dieser Stämmchen schwer zu bestimmen, dürfte aber im Verhältniss zur Höhe sehr bedeutend sein; Blüten sind nicht vorhanden. Weitere Eiben habe ich auf diesem Werder nicht angetroffen, jedoch sollen früher, nach Aussage des Kgl. Försters Siegmeyer, alte Stubben hier vorgefunden sein.

Im Westen dieser beiden Inseln erstreckt sich ungefähr von S. nach N. der Grosse Ibenwerder, welcher ca. 7 ha Flächeninhalt aufweist. Dieses Terrain wird schon auf Karten aus den 20er Jahren dieses Jahrhunderts als „Uebenwerder" bezeichnet. Es trägt einen älteren Bestand, welcher aber aus denselben Baumarten zusammengesetzt ist, wie der im Kl. Ibenwerder; die Kiefern sind hier bis 130 Jahre alt. Auf dem Gr. Ibenwerder liegt das Forstetablissement gleichen Namens, welches zur Oberförsterei Zanderbrück gehört. Als der Förster Rost, jetzt Revierförster in Twarosnitza bei Czersk, im Jahre 1872 nach Ibenwerder kam, fand er auf seinem Dienstlande noch eine lebende Eibe vor, die ca. 1 m hoch war und bei dichter Beästung eine Grundfläche von nahezu 4 m Umfang bedeckte. Er verpflanzte sie vor den Giebeleingang seines Hauses und hatte die Freude, dass sich das Bäumchen hier gut weiter entwickelte und auch grosse Höhentriebe machte. Als ich bei meinem Besuch in Ibenwerder im Mai v. J. dasselbe Exemplar sah, hatte es bereits eine Höhe von 3 m erlangt, und überdies bedeckten die bis unten vorhandenen Zweige eine Bodenfläche von 15 m Umfang. Ausser dieser in den Garten gesetzten Eibe habe ich keine weiteren lebenden Exemplare im Gr. Ibenwerder bemerkt, und nach Aussage des Herrn Revierförster Rost war *Taxus* schon 1872 dort nicht mehr am Leben. Ebenso wie in Georgenhütte, sind auch hier früher die frischen Zweige zur Ausschmückung der Kirche in Hammerstein an Festtagen benutzt worden, und ausserdem hat man das Eibengrün zum Bestecken der aus Mehl und Wasser hergestellten Figuren (Puppen, Pferdchen etc.) auf dem Weihnachtsmarkt verwendet.

Indessen finden sich noch heute zahlreiche Stubben, welche meist schon dem Erdboden gleich und von einer mehr oder weniger mächtigen Moosdecke überzogen sind; daher gelingt es nicht immer leicht, diese subfossilen Stöcke aufzudecken. Dieselben haben gewöhnlich einen Durchmesser von 20 bis 30, seltener bis 50 cm, und sind im Innern durchweg hohl. Ehemals stand am Wiesenrande ein noch viel mächtigeres Exemplar, welches auf Wunsch des damaligen Oberförsters Kessler in Zanderbrück, jetzigen Forstmeisters in Neu-Paclagla auf der Insel Wollin, in den Garten der Oberförsterei Zanderbrück transportirt wurde, um es vor Zerstörung zu retten und als Merkwürdigkeit aufzubewahren. Dies geschah aber keineswegs in zweckentsprechender Weise, denn als ich im vorigen Frühjahr dort war, fand ich den gedachten Stubben im Innern durch Erde ausgefüllt und mit verschiedenen lebenden Pflanzen besetzt. Es ist begreiflich, dass er hierdurch noch rascher dem Untergange geweiht gewesen wäre, als wenn man ihn an seinem natürlichen Standort im Walde belassen hätte. Daher reichte ich durch die Hand des Ober-Präsidenten Staatsministers Herrn Dr. von Gossler bei der Königlichen Regierung zu Marienwerder den Antrag ein, dieselbe wolle veranlassen, dass der Stubben m. das Westpreussische Provinzial-Museum abgegeben werde. In dankenswerther Weise ist durch Verfügung der Königl. Regierung vom 22. December a. pr., J.-No. R. 786, C. 5, diesem Antrage entsprochen, und im weiteren Verfolg das qu. Stück hierher übersandt worden.

Der Stubben, welcher jetzt im Provinzial-Museum in Danzig aufgestellt ist, misst 70 bis 80 cm Höhe und besteht aus der Stammbasis, sowie aus einem mächtigen Wurzelkranz. Letzterer wird von acht Hauptwurzeln bezw. Wurzelgruppen gebildet, welche fast alle von einem gemeinsamen, centralen Ursprungspunkt horizontal verlaufen; ihre Unterflächen fallen daher nahezu in eine Ebene zusammen. Die Hauptwurzeln erreichen einen Durchmesser von 25 bis 30 cm, und ihre Zweige sind vielfach mit einander verschlungen und verwachsen; einige sind abgeschnitten oder abgesägt, andere abgebrochen und verwest. Der Umfang des ganzen Wurzelkranzes im jetzigen Zustande beträgt etwa 6.25 m, der Durchmesser bis 2.5 m. Aus dem Umstande, dass die Wurzeläste auf ihrer Oberseite an vielen Stellen mit Flechten (*Evernia prunastri* Ach., *Cladonia sp.* etc.) und Moosen (*Hypnum cupressiforme* L. var. *filiforme* B.S., *Polytrichum juniperinum* Hedw., *Dicranum scoparium* Hedw.) bewachsen sind, ergiebt sich, dass sie theilweise über der Erde gelegen haben. Der Wurzelhals ist unregelmässig gewölbt; sein Umfang beträgt 3.4 m oberhalb der Abgangsstelle der Wurzeln. Hiernach repräsentirt dieses Stück bei Weitem die stärkste Eibe nicht nur in unserer Provinz, sondern im ganzen nordöstlichen Deutschland. Der eigentliche Stamm ist nur bis zur Höhe von 25 cm erhalten und entbehrt völlig der Rinde. Das Innere ist zum Theil ausgefault und hat etwa die Form eines stumpfen Trichters angenommen, von dessen Wandung einzelne mehr widerstandsfähige Partieen senkrecht hervorragen; an einer Stelle ist diese Wand seitlich nach aussen durchbrochen. Die Stärke der Wand misst in ihrem oberen Theil nur 5 bis 10 cm; der obere Rand verläuft nahezu kreisförmig und gerade. Der Umfang des Stammes an seinem obersten erhaltenen Rande beträgt 3 m, und sein Durchmesser schwankt zwischen 92 und 97 cm. Der Erhaltungszustand des Holzes ist verschieden; theilweise ist dasselbe vollständig fest, wie in einzelnen Wurzeln, theilweise aber auch angegriffen, mehr oder weniger zersetzt und bröckelig. Sofern die Conservirung günstig ist, lassen sich auch im Stammholz noch Jahresringe erkennen, und diese machen auffallender Weise nicht gerade den Eindruck langsamen Wachsthums.

Vornehmlich im Hinblick auf die später auszuführende Schätzung des Alters dieses Stubbens, ist von Belang, die Frage zu erörtern, ob derselbe auch einem einzigen Individuum entspricht. Hierbei ist hervorzuheben, dass, wie schon oben erwähnt, nahezu alle Wurzeln radial in der Mitte zusammenlaufen. Sodann ist nicht nur der peripherische Verlauf des Stammtheiles fast kreisrund, sondern auch das Innere lässt einen concentrischen Bau erkennen, wiewohl die einzelnen Jahresringe nicht immer sichtbar sind. Daher ist es in hohem Grade wahrscheinlich, dass der Stubben einem einheitlichen Stamm angehört und nicht etwa durch Verwachsung zweier oder mehrerer Tochterstämme hervorgegangen ist.

Wenn wir die Beobachtungen zusammenfassen, ergiebt sich, dass nur noch auf dem Kleinen Ibenwerder zwei verkümmerte Eiben spontan wachsen, die jedoch in absehbarer Zeit eingehen werden, dass hingegen auf dem Grossen Ibenwerder gegenwärtig keine einzige Eibe loco natali grünt. Das hier reichlich vorhandene alte Stockholz wird oft gerodet, und ich bemerkte mehrere Stücke davon im dortigen Forsthause, wo es zu kleinen Werkzeugen und anderen Gebrauchsgegenständen verarbeitet wird. Ein grösserer Stubben von 50 cm Stärke wurde dem vorerwähnten Forstmeister nachgesandt, und zwei kleinere Abschnitte übergab der Förster Siegmeyer auf meinen Wunsch dem Provinzial-Museum hierselbst.

Taf. I. Fig. 3 zeigt die vorerwähnte Gegend mit dem Quitwerder, dem Kleinen und Grossen Beuwerder, welche ebenfalls recht bezeichnend für das Vorkommen von Eiben ist, im Maasstabe von 1:50000 nach Aufnahme des Generalstabes von 1874 bis 75.

Taf. II. stellt ein Lichtdruckbild des alten Stubbens vom Gr. Beuwerder, auf Grund einer photographischen Aufnahme nach seiner Aufstellung im hiesigen Museum, im Maasstabe von 1:12.5 dar.

Kreis Dt. Krone.

Nach dem schon öfters citirten Werk des Oberforstmeisters von Pannewitz soll die Eibe auch bei Dt. Krone vorkommen bezw. vorgekommen sein. Da ein näherer Fundort nicht angegeben ist, richteten sich meine Blicke zunächst auf den der Stadt gehörigen grossen Wald, den sog. Klotzow. Obwohl ich auf meinen früheren Wanderungen durch denselben nie *Taxus* gesehen oder davon gehört hatte, verabsäumte ich nicht, mit freundlicher Unterstützung des Herrn Bürgermeisters Müller in Dt. Krone, die weitgehendsten Recherchen schriftlich und mündlich an Ort und Stelle auszuführen. Bislang konnte aber Niemand ausfindig gemacht werden, der sich erinnert hätte, je Eiben im Klotzow gesehen zu haben.

Andererseits konnte man auch meinen, dass der obengenannte Königl. Oberforstmeister in seinem Buch über das Forstwesen von Westpreussen nicht gerade den Communalwald, als vielmehr die Königliche Forst im Auge gehabt hat. Da in dieser Beziehung das Revier Schönthal als das nächstgelegene hauptsächlich in Betracht kam, wandte ich mich an den Förster, Herrn Weidemann, in Kronerfier und suchte mit ihm zusammen mehrere Localitäten seines Schutzbezirkes ab, ohne jedoch einer Spur von *Taxus* zu begegnen. Obwohl er schon sehr lange Zeit dort lebt und auch ein aufmerksamer Beobachter ist, kannte er weder das Laub noch das Holz der Eibe, welche ich ihm vorlegte. Ebensowenig vermochte der Oberförster des Reviers, Herr Forstmeister Ahlborn in Schönthal, sowie der Förster in Buchwalde, Herr Wendt, über das fragliche Vorkommen Auskunft zu geben.

Ferner ersuchte ich den Herrn Regierungs- und Forstrath Feddersen in Marienwerder, in alten Acten der Oberförsterei Schönthal, früher Zippnow, nach Eibenholz zu recherchiren. Aus der Bestandsbeschreibung vom Anfang der dreissiger Jahre ergiebt sich nun, dass der Schutzbezirk Buchwalde früher grösser gewesen ist, und dass nördlich eine Fläche angegrenzt hat, welche später als Weideabfindung nach Briesewitz und Jagdhaus abgegeben worden ist. Diese Fläche wird dort folgendermassen beschrieben: „Baum, der ganz nass und thonigt, der sich nicht zum Holzanbau eignet und zur Weideabfindung bestimmt ist. Die einzelnen vorhandenen schlechtwüchsigen Kiefern und Ellern sind zu entnehmen." Herr Feddersen hält es nicht für unmöglich, dass die Eibe auf diesem Terrain vorgekommen ist. Die Verhandlungen über die Ablösung der Weideberechtigungen etc. von Jagdhaus und Briesewitz, womit ein grösseres Tauschgeschäft verbunden wurde, haben schon seit 1810 geschwebt und sind erst in den sechziger Jahren zum Abschluss gekommen. Wie aus den Acten ersichtlich, hat der Oberforstmeister von Pannewitz sich dabei betheiligt, bezw. die Verhandlungen theilweise geleitet. Die sorgfältigste Durchsicht der alten Acten und Karten Seitens des Herrn Regierungsrath Feddersen hat leider keinen Anhalt für das Vorkommen der Eibe geliefert. Indessen darf nicht unbeachtet bleiben, dass dieser Baum ohne forstliche Bedeutung ist und daher überhaupt selten erwähnt wird; so fehlt er beispielsweise ebenso in den Bestandsbeschreibungen von Osche, Charlottenthal und Zanderbrück aus dem Anfang der dreissiger Jahre, wo er de facto auch damals vorhanden gewesen ist.

Daher müssen wir zugestehen, dass der von Pannewitz erwähnte Eiben-Standort bei Dt. Krone bisher nicht aufgefunden werden konnte. Die Richtigkeit jener Angabe ist aber um so weniger anzuzweifeln, als angenommen werden kann, dass Pannewitz den gedachten Standort aus eigener Anschauung gekannt hat. Es wird sich empfehlen, die Nachforschungen in jener Gegend eifrig fortzuführen.

II. Abschnitt.

Allgemeine Beobachtungen über die Eibe in Westpreussen.

A. Verbreitung und Vorkommen der Eibe.

Im ersten Abschnitt sind aus Westpreussen zwölf Eiben-Standorte beschrieben, von denen in der bisherigen Literatur etwa nur die Hälfte erwähnt ist, und ein Theil hiervon war überdies später wieder in Vergessenheit gerathen. Die andere Hälfte hat sich erst in Folge der eingangs gedachten Recherchen neu ergeben. Daher kommt es, dass sich unter den hier beschriebenen Fundorten zehn mehr befinden, als in den beiden letzten Florenwerken der ehemaligen Provinz Preussen (1866) bezw. der Provinz Westpreussen (1880) angeführt sind. Ausser diesen von mir selbst besuchten Orten, werden in der Literatur noch drei andere genannt (Turschonken, Sommin, Dt. Krone), die ich im Freien nicht wiederfinden konnte und daher ausser Acht lassen musste.

Wenn man die in unserer Provinz gelegenen Fundorte, einschliesslich der drei letztgenannten, überblickt, fällt der Umstand auf, dass sie alle auf der linken Seite der Weichsel liegen. Es wird zwar bisweilen angegeben, dass im Revier Gollub mehrere 30- bis 40jährige Eiben von etwa 4 m Höhe vorhanden sind, jedoch ist amtlich auf das Bestimmteste mir versichert worden, dass diese Bäume nicht spontan vorkommen, sondern in früherer Zeit als Zierbäume gepflanzt sind. Demgemäss bildet die Weichsel in der That eine Grenze in der Verbreitung der Eibe innerhalb unserer Provinz, aber keineswegs überhaupt, denn es ist schon oben erwähnt worden, dass die Pflanze gegenwärtig noch in Ostpreussen und in den russischen Ostseeprovinzen lebt.

Was die Vertheilung der Standorte links der Weichsel anlangt, so liegen sie nicht ganz zerstreut, vielmehr sind drei grössere Fundgebiete wohl zu unterscheiden. Das erstere umfasst die Standorte Steinsee, Wygoda, Miechatschin, Lubianen, Sommerberg und kann als Kassubisches Gebiet bezeichnet werden; hierher wären auch die beiden Caspary'schen Localitäten Turschonken und Sommin zu rechnen, sofern dort *Taxus* wiedergefunden würde. Das zweite enthält die Standorte Eibendamm, Eichwald, Neuhaus, Lindenbusch und liegt in der Tucheler Heide. Endlich das dritte Fundgebiet mit den Standorten Georgenhütte, Kl. und Gr. Ibenwerder befindet sich in der Hammersteiner Heide, Kr. Schlochau.

Die zwölf Standorte vertheilen sich der Zahl nach gleichmässig auf die beiden Regierungsbezirke unserer Provinz, und zwar kommen drei auf den Kreis Karthaus, zwei auf den Kreis Berent und einer auf den Kreis Pr. Stargard; ferner drei auf den Kreis Schwetz und drei auf den Kreis Schlochau. Wenn man jene beiden, von mir nicht gesehenen Localitäten mit berücksichtigt, kamen im Ganzen sieben auf den Regierungsbezirk Danzig und ebensoviele auf den Regierungsbezirk Marienwerder. In letzterem Gebiet würde sich die Zahl auf acht erhöhen, falls das von Pannewitz angegebene Vorkommen bei Dt. Krone bestätigt werden könnte.

Alle diese Eiben-Standorte sind nicht gleichwerthig, sondern können nach dem Gesichtspunkt unterschieden werden, ob sie abgestorbene oder lebende Eiben, ferner ob sie nur einzelne Exemplare oder grössere Gruppen enthalten. In ersterer Beziehung können wir die beiden Fundorte Steinsee und Gr. Ibenwerder vorweg nehmen, weil die Pflanze dort nicht mehr am Leben ist. Was nun die übrigen zehn Standorte lebender Eiben betrifft, so müssen wir weiter die beiden Orte Sommerberg im Kreise Berent und Neuhaus im Kreise Schwetz ausscheiden, weil hier unter ungewöhnlichen Verhältnissen nur eine bezw. zwei einzelne Exemplare vorkommen und die Vermuthung nahe liegt, dass diese durch Vögel oder Menschen dorthin verschleppt sind. Dagegen bilden die übrigen acht Localitäten eigentliche Eibenhorste. Wennschon in Eichwald nur eine und in Kl. Donwerder und Miechutschin nur je zwei lebende *Taxus* vorhanden sind, sprechen doch an den beiden erstgenannten Orten zahlreiche Stubben für ihre einstige Häufigkeit, und bei Miechutschin haben gewiss ähnliche Verhältnisse geherrscht, ehe dort der frühere Waldboden urbar gemacht wurde. Im Anschluss hieran ist zunächst das Vorkommen in Wygoda zu erwähnen, wo allerdings noch mehrere Exemplare vegetiren die aber entweder junge Keimpflanzen oder niedrige Stockausschläge sind. Eine grössere Lebensfähigkeit kommt den Eiben in Eibendamm zu, wo noch mehr als fünfzig grüne, darunter 1,8 m hohe Pflanzen vorhanden sind. Nächstdem finden sich bei Lubianen unweit Berent die meisten Exemplare, von denen einige 2,5 m Höhe erreichen. Die grössten Horste bestehen in Georgenhütte bei Hammerstein und in Lindenbusch (Ziesbusch), Kr. Schwetz. An beiden Stellen tritt *Taxus* in sehr zahlreichen, schon entwickelten Bäumen auf, und zwar schätzt man im Ganzen in Georgenhütte mehr als sechshundert und in Lindenbusch mehr als tausend lebende Eiben. In Georgenhütte steht allerdings zu befürchten, dass nach Abtrieb des Hochwaldes die Pflanze allmählich schwinden wird, dagegen bemüht man sich in Lindenbusch, sie nach Möglichkeit zu schützen; dieser Standort ist noch heute der reichhaltigste im nordöstlichen Deutschland und einer der grössten im ganzen Staat. Wenn daher J. Trojan in seinem Bericht über das Vorkommen von sechshundert *Taxus* in einem Revier im Bodethal die Ansicht ausspricht, dass so viele „schwerlich in irgend einer andern Gegend unseres Vaterlandes auf einem verhältnissmässig so kleinen Raum bei einander stehen"[1], kann ihm nicht beigestimmt werden; indessen wird er sich gewiss selbst freuen zu hören, dass ein viel grösserer Horst in seiner heimathlichen Provinz Westpreussen grünt und gedeiht. Ehemals sind übrigens die Eiben im Harz bei Weitem zahlreicher gewesen, denn nach Angabe des Forstmeisters Pfeil[2] wurden im Winter 1802/3 im Thaleschen Revier über fünfhundert Stämme gefällt. Aber auch unser Ziesbusch ist vor Anlage der Colonie Eibenhorst viel grösser gewesen als jetzt und hat noch in den ersten Decennien dieses Jahrhunderts wohl an 4000 Eiben umfasst. Daher werden auch damals nur wenige andere Eiben-Standorte existirt haben, die bezüglich ihrer Reichhaltigkeit demselben gleichgekommen sind.

Aus den im ersten Abschnitt mitgetheilten Beobachtungen geht ferner hervor, dass die Eibe auch in Westpreussen durchweg auf einem frischen, oft auf einem feuchten bis sumpfigen, ja zuweilen moorigen Boden vorkommt. Sie lebt in grosser Einsamkeit unter dem schützenden Dache waldbildender Bäume, an deren Stamm sie sich oft eng anlehnt. Sie bevorzugt als Standort kleinere oder grössere Werder, die heute von Wasser, nassen Wiesen oder Sumpf umgeben sind (Lindenbusch, Georgenhütte, Kl. und Gr. Donwerder, vgl. Taf. I. Fig. 2 u. 3). Wennschon durch die Unzugänglichkeit dieser Terrains es ausgeschlossen erscheint, dass die Bäume angepflanzt sind, so reichen überdies einige Exemplare — wie wir später sehen werden — in eine Zeit zurück, in welcher jene Gegenden nach unserer Kenntniss der vorgeschichtlichen Verhältnisse gänzlich unbewohnt waren. Endlich lässt sich erkennen, dass gerade auf jenen Werdern der ganze mit Weichhölzern gemischte Bestand

---

[1] J. Trojan. Die Eiben des Bodethales. II. Sonntags-Beilage No. 47 zur National-Zeitung vom 23 November 1890.

[2] J. F. Brandt und J. T. C. Ratzeburg. Deutschlands phanerogamische Giftgewächse. I. Abth. Berlin 1834. S. 186, Fussnote 6.

einen Urwald darstellt, der noch nie einer Cultur unterworfen gewesen ist. Hieraus ergiebt sich, dass die Eibe in Westpreussen nicht eingeführt ist, sondern spontan vorkommt, und zwar dürfte sie zu den ältesten Bürgern unserer ursprünglichen Flora gehören. Hierdurch werden auch die Ansichten Koch's und Roper's, dass *Taxus* hier nicht spontan wächst, von Neuem widerlegt.

Die Floristen Patze, Meyer und Elkan behaupten, dass *Taxus* wild in Ost- und Westpreussen nicht zur Blüte gelangt[1]; es braucht wohl kaum die Unrichtigkeit davon nachgewiesen zu werden. An allen Standorten, wo Eibenbäume vorhanden sind, habe ich Blüten beobachtet, und zwar kommen männliche und weibliche Exemplare — mit Ausnahme von Mieehutschin — beisammen vor. Zahlreiche reife Früchte, welche den Bäumen zur besonderen Zierde gereichen, habe ich in Mieehutschin, Lindenbusch und Georgenhütte gesehen.

Patze, Meyer und Elkan haben ferner behauptet (a. a. O.), dass die Eibe in der ehemaligen Provinz Preussen nur strauchartig vorkomme. Wenn dies vielleicht auch für Ostpreussen jetzt zutreffen mag[2], so haben wir doch in unserer Provinz zahlreiche, sehr ansehnliche Eibenbäume, die jenen Floristen nicht bekannt gewesen sind. Abgesehen von den beiden Eibenbäumen in Mieehutschin, be-

sitzen wir namentlich im Zieslausch bei Lindenbusch und im Schutzbezirk Georgenhütte unweit Hammerstein zwei Lacalitäten, in welchen noch viele Hunderte von Eibenbäumen vorhanden sind. An anderen Orten, wie z. B. in Wygoda, Lubianen und Eibendamm, findet man jetzt allerdings ausschliesslich oder fast ausschliesslich Sträucher, weil hier die alten Eiben abgeholzt oder eingegangen sind. Es kann aber nicht bezweifelt werden, dass *Taxus* baumförmig nicht blos im Gebirge, sondern auch bei uns und in anderen Gegenden des Flachlandes auftritt.

Diese Thatsache ist auch insofern beachtenswerth, als von manchen Seiten die Ansicht ausgesprochen ist, dass *Taxus* in Deutschland überhaupt „meistens nur noch als Strauch vorkommt".[1]

Wie in der Einleitung allgemein bemerkt wurde, kann hier auch hinsichtlich Westpreussens wiederholt werden, dass nämlich *Taxus* nirgend waldbildend vorkommt, sondern immer nur im Nebenbestand. Daher giebt es in unserer Provinz ebenso wenig wie anderswo Eibenwälder, wie von manchen Seiten gemeint wird[2], sondern nur Wälder, in denen *Taxus* kleinere oder grössere Gruppen bildet.

---

[1] C. Patze, E. Meyer und L. Elkan. Flora der Provinz Preussen. Königsberg 1850. S. 118.
[2] Sitzungsbericht des Preussischen Botanischen Vereins vom 12. Februar 1890, Hartungsche Zeitung in Königsberg i. Pr. 1890. No. 58, Beil. II. S. 361.

[1] Ed. Mielck. Die Riesen des Pflanzenreich. Leipzig und Heidelberg 1884. S. 106.
[2] Bail. Kurzere Mittheilungen III. Ein Eibenwald in Westpreussen. Schriften der Naturforschenden Gesellschaft in Danzig N. F. III. Bd. 2. Heft. Danzig 1873. — A. Treichel. Volkstümliches aus der Pflanzenwelt, besonders für Westpreussen. VII. Altpreussische Monatsschrift Bd. XXIV. Königsberg i. Pr. 1887. S. 584.

B. Grösse und Alter der Bäume.

Da sich schon aus den Standorts-Beschreibungen ergeben hat, dass wir in Westpreussen nicht allein sehr grosse Horste von Eiben, sondern auch mehrere starke Individuen besitzen, so mögen hier einige kleine Beiträge zur Kenntniss der Grössen- und Altersverhältnisse von *Taxus baccata* L. geliefert werden.

Die Höhe der Bäume wechselt nach Alter und Standort. Der letzte Eibenbaum von Wygoda, welcher im Winter 1890/91 abgetrieben wurde, hatte eine Höhe von 3 m. und die beiden Exemplare von Mieschutschin sind 4,5 bezw. 5m hoch. Im Schutzbezirk Georgenhütte maass ich einzelne Bäume zu 5 m, 6 m, 6,5 m, 7,5 m, 8,5 m, 9 m und 10 m und in Lindenbusch andere Exemplare zu 6 bis 7 m, 9m, 10 m, 12,1 m, 12,5 m und 13,1 m Höhe. Daher würde *Taxus baccata* in Westpreussen nach meiner Erfahrung mehr als 13 m Höhe erreichen. Dies ist insofern bemerkenswerth, als mehrere Autoren der Eibe im Allgemeinen eine geringere Höhe zuschreiben. So meinen z. B. Eichler-Engler[1], Garcke[2] und Warming[3], dass unser Baum selten 10 m Höhe übersteigt, und nach Henkel und Hochstetter[4], sowie nach Lennis[5], beträgt seine Höhe nur 6,3 bis 9,4 m, in einem vereinzelten Falle nach Henkel und Hochstetter 12,6 m. Andererseits geben Willkomm[1] und Kerner[2] übereinstimmend 15m als Maximum an. Demzufolge erreichen die Eiben in unserer Provinz nahezu die grösste Höhe, welche überhaupt bisher beobachtet ist, und es dürften hiernach die Angaben in deutschen Florenwerken wohl zu corrigiren sein. Auch die aus einzelnen Localfloren bekannt gewordenen Exemplare stehen gegen jene zurück; so erreichen die Eiben in Vorpommern nur 9,4 m[3], diejenigen in Thüringen 11 m[4] und diejenigen in Schlesien 12 m Höhe[5].

Was den Umfang des Stammes anlangt, so steht meines Wissens das stärkste lebende Exemplar unserer Provinz und wohl auch des Nachbargebietes am Rande des Ziesbusches bei Lindenbusch. Dasselbe misst über dem Erdboden 180 cm und in 1 m Höhe 158 cm Umfang, und übertrifft daher die bekannten Bäume auf der Heidelberger Schlossterrasse (in 1 m Höhe 136 cm Umfang, 1889 von mir gemessen). Hingegen wird unsere *Taxus* aus dem Ziesbach an Dicke übertroffen, z. B. von der stärkeren Eibe an der Rückfront des Herrenhauses in Berlin (in 1 m Höhe 170 cm Umfang, 1889 von mir gemessen), von der Eibe an der alten Schweizerei im

---

[1] A. Engler u. K. Prantl. Die natürlichen Pflanzenfamilien. II. Th. 1. Abth. Leipzig 1889. S. 113.
[2] A. Garcke. Flora von Deutschland. 16. Auflage. Berlin 1890. S. 512.
[3] E. Warming. Handbuch der systematischen Botanik. Deutsche Ausgabe von E. Knoblauch. Berlin 1890. S. 182.
[4] F. B. Henkel und W. Hochstetter. Synopsis der Nadelhölzer. Stuttgart 1865.
[5] Joh. Lennis. Synopsis der Pflanzenkunde. II. Abth. Hannover 1877. S. 1012.

[1] M. Willkomm. Forstliche Flora. Leipzig 1887. S. 272.
[2] A. v. Kerner. Pflanzenleben. I. Band. Leipzig 1887. S. 681.
[3] C. Seehaus. Ist die Eibe ein norddeutscher Baum? Botanische Zeitung. XX. Jahrg. 1862. p. 35.
[4] A. Roese. *Taxus baccata* L. in Thüringen. Ebd. XXII. Jahrg. 1864. S. 208.
[5] F. Fiek. Flora von Schlesien. Breslau 1881. S. 531.

Fürstensteiner Grund (230 cm Umfang, 1889 von mir gemessen) und von der alten Eibe in Petersdorf in Schlesien (fast 3 m Umfang nach Fick[1], ferner vom sog. Ibenbaum zu Mönkhagen unweit Rostock (254 cm Umfang nach Krause[2], von der Eibe des Botanischen Gartens in Frankfurt a. M. (238 cm Umfang, 1889 von mir gemessen), von mehreren Exemplaren im Bodethal des Harzes u. a. m. Wenn wir aber die abgestorbenen Exemplare unserer Provinz mit in Betracht ziehen, so besitzen wir zweifellos in dem subfossilen Stock von Ibenwerder, welcher gegenwärtig im Westpreussischen Provinzial-Museum aufgestellt ist, eine der stärksten Eiben in ganz Deutschland. Sie misst über dem Wurzelknoten 3,4 m Umfang. Die stärksten Exemplare in Deutschland, deren ich mich aus der Literatur erinnern kann, sind der hohle Baum von Eichhorst bei Dobrilugk in der Niederlausitz[3], welcher in Manneshöhe noch 3,38 m Umfang hat, und ein anderer hohler Stamm von Somsdorf bei Tharandt, welcher in Brusthöhe 3,77 m Umfang misst[4]. Ersterer wird den unserigen nur wenig übertreffen, hingegen besitzt letzterer einen noch bedeutenderen Umfang. Im Uebrigen wird in der Literatur über sehr viel stärkere Eibenstämme in anderen Ländern berichtet[5], jedoch kann man nicht immer Gewissheit darüber erlangen, ob es sich wirklich um Einzel-Stämme und nicht etwa um mehrere zusammengewachsene Tochterstämme handelt, da die Verwachsung bisweilen äusserlich garnicht sichtbar ist. A. von Kerner sagt u. a. O., dass nach beglaubigten Angaben der grösste Stammdurchmesser 4,9 m beträgt, und Warming giebt a. a. O. eine ähnliche Zahl an.

Neben der Höhe und Stärke interessirt vornehmlich das Alter der Eiben. Die einzige Möglichkeit, dasselbe sicher zu bestimmen, bieten die Jahresringe des Stammholzes. Da aber das Zählen derselben an lebenden Bäumen, ohne diese zu verletzen, nicht ausführbar ist, bleibt in den meisten Fällen nur übrig, den Weg der vergleichenden Schätzung einzuschlagen. Zu diesem Ende ist es erwünscht, einen oder mehrere Querschnitte anderer Stämme von derselben Localität zur Verfügung zu haben, um an diesen durch direkte Messung einen mittleren Werth für die Breite der Jahresringe zu gewinnen[1]. Wenn man eine vollständige Stammscheibe überblickt, wird man gewöhnlich mehrere Wachsthumsperioden unterscheiden können, innerhalb welcher der jährliche Zuwachs, radial gemessen, nur wenig variirt. Im Allgemeinen pflegt ein Baum in seiner Jugend langsam, später schneller und von einem gewissen Alter ab wiederum langsamer an Stärke zuzunehmen, in höherem Alter vermehrt sich dieselbe überhaupt nur sehr langsam. Indessen ist bekannt, dass zwei Individuen derselben Baumart, wiewohl sie auf demselben Boden nahe beieinander stehen, im Wachsthum nicht immer gleichen Schritt halten; denn neben der Beschaffenheit des Untergrundes giebt es noch unzählige andere Factoren, die mehr oder weniger bestimmend auf die Entwickelung der Pflanze einwirken. Daher muss vorweg zugegeben werden, dass die gedachte Schätzung des Alters eines Baumes, wenn sie auch unter Anwendung aller Cautelen ausgeführt wird, einen wissenschaftlichen Werth für sich nicht in Anspruch nehmen kann; ja es giebt Fälle, in welchen sie sich in hohem Grade unzuverlässig erweist. Sofern aber eine andere Methode nicht an-

---

[1] E. Fick. Flora von Schlesien. Breslau 1881, S. 533.
[2] L. Krause. Die beiden ältesten Taxusbäume bei Rostock. Archiv der Freunde der Naturgeschichte in Mecklenburg. Jahrg. XXXIX. 1885, S. 143.
[3] E. Jacobasch. Mittheilungen. Verhandlungen des Botanischen Vereins der Provinz Brandenburg. XXVI Jahrgang. 1884, Berlin 1885, S. 61.
[4] M. Willkomm. Forstliche Flora. Leipzig 1887, S. 272, Fussnote.
[5] Vgl. auch Ed. Mieck. Die Riesen der Pflanzenwelt. Leipzig und Heidelberg 1863, S. 105 ff.

[1] Wenn man auf diesem Wege ein Durchschnittsmass für die Breite eines Jahresringes im Stammholz der Eibe erlangen will, ist es natürlich erforderlich nur Querschnitte durch andere Stämme, und nicht etwa durch Aeste, wie er von mancher Seite geschieht (J. Trojan. Ein alter Baum. National Zeitung 33. Jahrg. No. 371. Berlin, d. 11. Aug. 1880). In Vergleich zu ziehen, da die Jahresringe des Astholzes im Allgemeinen enger als die des Stammholzes sind.

gewendet werden kann, wird man sich immerhin mit dieser, als mit einem Nothbehelf, begnügen müssen.

Das Dickenwachsthum der Eiben ist schon von Seehaus (a. a. O.) an zwei Stücken aus der Boenhorst in Pommern gemessen worden, die übrigens unter sich eine erhebliche Verschiedenheit aufweisen. Ohne auf eine Periodicität Rücksicht zu nehmen, berechnet er gleichmässig die mittlere Breite der Jahresringe in dem einen Stück auf 0,217''' dec. und in dem andern auf 0,528''' dec. Wenn Seehaus unter Decimallinien das Pariser Maass verstanden hat, würden sich diese Werthe auf 0,49 bezw. auf 1,19 mm stellen. Ferner hat Roese (a. a. O.) einige *Taxus* aus Thüringen gemessen und hierbei eine Periodicität des Wachsthums constatirt; er giebt die jährliche radiale Zunahme folgendermassen an:

im 1. bis 20. Jahr durchschnittlich 0,92 mm
- 21. - 50. - - 1,20 -
- 51. - 60. - - 0,82 -
- 61. - 100. - - 0,45 -
- 101. - 150. - - 0,36¹) -
- 151. - ... - - 0,25 -

Auf Grund dieser verschiedenen Annahmen kommen die beiden Autoren auch zu abweichenden Resultaten über das Alter der Bäume.

Wenn es in unserer Provinz gilt, das höchste Alter der Eiben zu bestimmen, so kommen zwei Exemplare, nämlich die lebende Eibe am Rande des Ziesbusches und dann der abgestorbene Stubben vom Grossen Bärwerder, jetzt in der hiesigen Sammlung, in

¹) Roese sagt a. a. O., dass für diese Periode ein Zuwachs von radial 16 mm erfolgt ist, was einem jährlichen Durchschnitt von 0,32 mm entspricht. Eine Nachrechnung ergiebt aber, dass bei 16 mm Gesammtmasse der einzelne Ring nur 0,32 breit sein würde, während bei 0,32 mm Einzelwerth eine Gesammtstärke von 18 mm resultiren würde. Weder aus Roese's Arbeit selbst, noch aus einem Druckfehlerverzeichniss ist ersichtlich, welcher Werth gemeint ist, so dass man nach Belieben den einen oder andern Werth als richtig annehmen kann. Hier ist das Einzelmaass von 0,36 mm als richtig und das Gesammtmaass 16 (statt 18) mm als Druckfehler angesehen.

Betracht. In beiden Fällen wurden von Herrn Dr. P. Kumm, z. Z. wissenschaftlichem Hilfsarbeiter am Provinzial-Museum, vergleichende Messungen ausgeführt, die nachstehend mitgetheilt sind. Aus Lindenbusch (Ziesbusch) liegt zunächst eine Scheibe (A) vor, in welcher sich der Markcylinder excentrisch befindet; daher verläuft derselbe Jahresring nicht gleichmässig, sondern ist an der einen Seite sehr eng und an der andern sehr weit. Beim Messen der Breite des Jahresringes wurde eine Richtung eingeschlagen, welche die Mitte zwischen beiden Extremen hält.

Lindenbusch: Eibe A.

Jahresring	Breite in Millim.	Jahresring	Breite in Millim.	Jahresring	Breite in Millim.
1	0,50	21	0,90	41	1,60
2	0,40	22	0,85	42	1,65
3	0,90	23	0,80	43	1,30
4	0,60	24	0,70	44	1,40
5	0,60	25	0,75	45	1,50
6	0,60	26	0,75	46	0,95
7	0,50	27	1,00	47	1,10
8	0,45	28	0,90	48	1,75
9	0,50	29	0,60	49	1,50
10	0,55	30	0,60	50	1,60
11	0,45	31	1,85	51	1,25
12	0,85	32	1,50	52	1,25
13	0,85	33	0,85	53	1,25
14	0,60	34	1,15	54	1,60
15	0,50	35	1,80	55	1,65
16	0,60	36	0,75	56	2,00
17	0,50	37	1,00	57	1,50
18	0,60	38	1,25	58	1,25
19	0,50	39	1,00	59	0,95
20	0,55	40	1,85	60	1,60

Hieraus ergiebt sich als Summe der Einzelmessungen . . . . 52,05 mm, dagegen beträgt die directe Messung des Radius . . . 51,30 -
mithin bleibt nur eine Differenz von 0,75 mm.

Ebenso wie Roese bei seinen Messungen, können wir auch hier eine erste Periode vom 1. bis 20. Jahre unterscheiden, hingegen empfiehlt es sich, die folgende Periode des grossen Zuwachses vom 21. bis zum 60. Jahre auszudehnen. Unter diesen Umständen stellen sich die Mittelwerthe

im 1. bis 20. Jahr auf durchschnittlich 0,39 mm
(nach Roese: 0,32 mm).
„ 21. bis 60. Jahr auf durchschnittlich 1,11 mm
(nach Roese: 1,04 mm).

Hieraus ergiebt sich, dass der jährliche
Zuwachs dieses Stückes vom 1. bis 60. Jahre
nicht wesentlich von dem der thüringischen
Eiben abweicht. Wenn man nun, behufs
Schätzung des Alters, für die späteren, an
unserem Exemplar nicht vorhandenen Ringe
die Roese'schen Mittelwerthe anwenden
wollte, würde sich für die gedachte lebende
Eibe des Zieshusches von 1,80 m Umfang
(= 286,5 mm Radius) ein Alter von 943 Jahren
ergeben, das aber wahrscheinlich zu hoch ge-
griffen ist.

Ferner besitzt das Museum aus Lindenbusch zum Vergleich eine zweite Scheibe (B),
deren Jahresringe regelmässig verlaufen und
nahezu kreisrund sind. Die Messungen wurden
in vier verschiedenen Richtungen ausgeführt,
und zwar bilden Radius I und II, sowie III
und IV je einen Diameter; beide Durchmesser
stehen nahezu senkrecht auf einander.

Lindenbusch: Eibe B.

Jahres- ring	Breite in Millimetern Richtung I.	Breite in Millimetern Richtung II.	Breite in Millimetern Richtung III.	Breite in Millimetern Richtung IV.
1	1,25	1,25	1,25	1,25
2	0,40	1,25	0,90	1,00
3	1,20	1,20	1,25	1,30
4	1,10	0,50	1,10	0,70
5	1,30	1,35	1,10	1,00
6	0,60	0,25	0,75	0,15
7	0,85	1,20	1,90	0,30
8	1,10	0,40	1,30	0,10
9	0,30	0,20	0,25	0,20
10	0,20	0,20	0,25	0,20
11	0,30	0,40	0,30	0,35
12	0,40	0,20	0,40	0,50
13	0,25	0,40	0,25	0,25
14	0,30	0,35	0,35	0,20
15	0,30	0,30	0,30	0,20
16	0,30	0,30	0,40	0,20
17	0,15	0,30	0,25	0,30
18	0,15	0,45	0,35	0,35
19	0,20	0,20	1,00	0,35
20	0,20	0,20	0,25	0,35
21	0,25	0,25	0,30	0,30
22	0,35	0,30	0,45	0,35
Latus	15,75	12,90	17,65	10,40
Transport	15,75	12,90	17,65	10,40
23	0,10	0,35	0,45	0,50
24	0,35	0,40	0,40	0,30
25	0,90	1,10	1,00	0,40
26	1,20	1,65	1,40	1,70
27	0,90	0,40	0,80	0,75
28	0,80	0,60	0,80	0,70
29	1,30	1,10	1,35	0,80
30	1,00	0,85	0,80	0,50
31	1,40	1,40	1,00	0,40
32	1,30	1,30	1,10	1,35
33	0,80	0,80	1,80	1,20
34	0,90	1,10	1,00	1,15
35	0,60	0,75	0,70	1,00
36	0,80	1,00	1,10	1,00
37	0,80	1,30	1,85	1,00
38	1,00	1,30	1,25	1,30
39	1,30	1,40	1,35	1,35
40	1,20	1,10	1,20	1,25
41	1,35	1,30	1,15	1,00
42	1,20	1,70	1,30	1,15
43	1,10	1,30	1,40	1,30
44	1,20	1,40	1,10	1,30
45	0,80	0,80	1,25	1,10
46	0,80	1,10	0,80	0,85
47	1,30	1,30	1,20	1,15
48	1,20	1,70	1,60	0,85
49	1,75	1,80	1,15	1,10
50	2,25	1,35	1,25	1,15
51	1,20	1,00	0,95	1,15
52	1,40	1,20	1,10	1,25
53	1,10	1,20	0,80	0,85
54	1,20	1,00	0,25	1,00
Summe der Einzel-messungen	51,90	48,35	53,30	44,45
Durchm. des Radius	51,80	48,30	53,25	44,40
Mittel	0,96	0,85	0,95	0,82

Die Jahresringe dieses Stückes sind auffallend weit und lassen nicht einmal eine
Periode geringeren Wachsthums vom 1. bis
20. Jahr erkennen. Wenn man nun die hieraus resultirende mittlere Breite des Jahresringes (aus 216 Messungen) von 0,92 mm bei
der Berechnung des Alters der Eibe aus dem
Ziesbusch zu Grunde legt (1,80 m Umfang;
0,286 m Radius), ergiebt sich ein Alter von
311 Jahren. Die nach den beiden verschiedenen Messungen gewonnenen Jahreszahlen

ALLGEMEINE BEOBACHTUNGEN ÜBER DIE EIBE IN WESTPREUSSEN.

verhalten sich daher ungefähr wie 3:1: das wirkliche Alter des Baumes dürfte innerhalb dieser beiden Grenzwerthe liegen.

Von **Ibenwerder** sind zwei Querschnitte zum Vergleich und ausserdem der grosse Stubben selbst vorhanden. Die Scheibe A zeigt insofern eine Unregelmässigkeit, als der Markcylinder aus der Mitte gerückt ist, und daher die Jahresringe nach einer Seite weiter sind als in der entgegengesetzten. Die Messungen sind in der erstgenannten Richtung ausgeführt.

Gr. Ibenwerder: Eibe A.

Jahres-ring	Breite in Millim.	Jahres-ring	Breite in Millim.	Jahres-ring	Breite in Millim.
1	0,30	39	0,80	77	3,00
2	0,50	40	0,50	78	1,10
3	0,65	41	0,75	79	1,30
4	0,10	42	0,85	80	0,70
5	0,65	43	0,70	81	1,20
6	0,10	44	0,45	82	1,30
7	0,10	45	0,55	83	1,35
8	0,15	46	0,50	84	1,40
9	0,20	47	0,60	85	1,30
10	0,20	48	0,70	86	0,85
11	0,45	49	0,45	87	0,50
12	0,15	50	0,45	88	—
13	0,75	51	0,55	89	—
14	0,85	52	0,85	90	—
15	0,50	53	0,40	91	—
16	0,65	54	0,40	92	—
17	0,40	55	0,50	93	—
18	0,40	56	1,50	94	—
19	0,15	57	0,40	95	—
20	0,65	58	0,50	96	—
21	0,40	59	0,40	97	—
22	0,50	60	1,25	98	—
23	0,35	61	1,10	99	—
24	0,5	62	0,70	100	—
25	0,30	63	1,80	101	—
26	0,85	64	1,50	102	—
27	0,50	65	1,00	103	—
28	1,10	66	0,50	104	—
29	1,05	67	1,00	105	—
30	0,70	68	2,50	106	—
31	1,10	69	2,00	107	—
32	0,75	70	0,40	108	—
33	0,80	71	1,25	109	—
34	0,40	72	1,15	110	—
35	0,50	73	1,50	111	—
36	0,80	74	2,60	112	—
37	0,10	75	1,10	113	—
38	0,50	76	2,00	114	—

Jahres-ring	Breite in Millim.	Jahres-ring	Breite in Millim.	Jahres-ring	Breite in Millim.
115		123	0,40	131	0,05
116		124	0,50	132	0,55
117		125	0,50	133	0,75
118		126	0,50	134	0,65
119	0,20	127	0,40	135	0,15
120	0,45	128	0,75	136	0,35
121	0,30	129	0,50	137	0,30
122	0,35	130	0,30		

Summe der Einzelmessungen 81,45 mm
Directe Messung des Radius 82,70

Differenz 1,25 mm

Das andere Stück B von Ibenwerder ist aus zwei nahezu gleichalterigen Tochterstämmchen zusammengewachsen, deren eines 24 und das andere 26 Jahresringe im Querschnitt aufweist. In der Folge sind die beiderseitigen Ringe miteinander verbunden, und zwar ist schliesslich ein so inniges Zusammenwachsen erfolgt, dass äusserlich kein Anzeichen auf die Zwillingsnatur des Stammes hindeutet. Diese Erscheinung mahnt übrigens zur Vorsicht bei Altersschätzungen von Eiben überhaupt, da man es in manchen Fällen garnicht mit einheitlichen, sondern mit zusammengewachsenen Stämmen zu thun haben dürfte. Ungeachtet dieser Anomalie, ist das Stück sehr wohl zum Messen der Breite der Jahresringe geeignet, falls man eine passende Richtung wählt, und es haben sich hierbei folgende Maasse ergeben:

Gr. Ibenwerder: Eibe B.

Jahres-ring	Breite in Millimetern (Richtung I)	Breite in Millimetern (Richtung II)	Jahres-ring	Breite in Millimetern (Richtung I)	Breite in Millimetern (Richtung II)
1	0,30	—	15	0,35	1,00
2	0,10	—	16	0,75	1,50
3	0,15	—	17	1,00	0,50
4	0,15	—	18	0,55	1,40
5	0,10	—	19	0,40	0,50
6	0,10	—	20	0,50	0,50
7	0,10	—	21	0,70	1,50
8	0,10	—	22	1,35	1,00
9	0,10	—	23	1,25	0,65
10	0,10	—	24	1,20	1,65
11	0,25	—	25	1,05	0,30
12	0,25	—	26	1,40	0,50
13	0,15	—	27	1,10	0,40
14	0,55	0,15	28	0,75	0,65

Hiernach beträgt die Summe der Einzelmessungen in der ersten Richtung 76,90 mm und in der zweiten 55,40 mm, dagegen die direct beobachtete Gesammtlänge 77,25 bezw. 54,20 mm; demgemäss ergiebt sich eine Differenz von - 0,60 mm und von 1,20 mm. Wenn wir nun aus den obigen Beobachtungsreihen ein Mittel ziehen, erhalten wir folgende Zahlen für den jährlichen Zuwachs:

im 1. bis 20. Jahr durchschnittlich 0,33 mm [1])
„ 21. „ 60. „ „ 0,61 „
„ 61. „ 100. „ „ 0,58 „
„ 101. „ 150. „ „ 0,49 „

Der Vergleich dieser Maasse mit den obigen zeigt, dass die Bäume von Bonwerder in der ersten Periode (vom 1. bis 20. Jahr) etwas langsamer als Stück A von Lindenbusch und etwas schneller als die thüringischen Exemplare gewachsen sind. In der II. Periode (vom 21. bis 60. Jahr) beträgt der jährliche Zuwachs ganz erheblich weniger, als in den beiden vorgenannten Fällen, wogegen die III. Periode (vom 61. bis 100. Jahr) ein rascheres Wachsthum als die in Thüringen beobachteten Eiben zeigt. Die IV. Periode (vom 101. bis 150. Jahr) ist hier leider nicht vollzählig erhalten; sofern man aber die aus den Jahren 101 bis 137 bezw. 136 bezw. 114 gewonnene Mittelzahl für die ganze Periode gelten lässt, stellt sich diese gleichfalls höher als die entsprechende Zahl der thüringer Eiben. Für die letzte Periode vom 150. Jahr an ist kein Anhalt vorhanden. Wenn man nun hierfür die Roesse'sche Mittelzahl (0,25 mm) annimmt, würde sich bei einem Umfang von 3,40 m, d. h. 541,13 mm Radius, ein Alter von 1205 Jahren ergeben, das aber keinesfalls der Wirklichkeit entspricht.

Der Stubben C, d. h. dasjenige Stück, um dessen Altersbestimmung es sich handelt, ist

---

[1]) Der Werth für die I. Periode (1. bis 20. Jahr) ist nur aus Holz A und Holz B, Radius I. berechnet, da in Holz B, Radius II. diese Partie undeutlich ist; alle übrigen Werthe sind aus Holz A und B, Radius I und II. berechnet. Für die IV. Periode fehlen in Holz A die letzten 13 Ringe, in B fehlen bei Radius I 14 Ringe und bei Radius II sogar 36 Ringe; der gefundene Mittelwerth ist daher nur ein Mittel aus 87, statt aus 150 Werthen.

nicht etwa so beschaffen, dass alle oder auch
nur eine grössere Reihe von Jahresringen
direct gemessen werden konnten. Nach seiner
Ueberführung in das Provinzial-Museum wurden
daher von verschiedenen Stellen des peripherischen und centralen Theiles, im Ganzen
zwanzig Stichproben entnommen und untersucht. Das Resultat der Messungen ist, wie
folgt:

Gr. Ibenwerder: Eibe C.

Probe.	Anzahl der Jahresringe.	Gesammtbreite in Millimetern	Mittlere Breite eines Jahresringes in Millimetern
I	18	7,20	0,40
II	38	32,40	0,85
III	55	28,1	0,51
IV	13	16,4	1,25
V	15	10,90	0,73
VI	35	41,00	1,18
VII	25	28,40	1,14
VIII	74	13,20	0,18
IX	15	10,00	0,99
X	18	13,50	0,75
XI	18	19,40	1,08
XII	18	14,30	0,81
XIII	39	7,90	0,18
XIV	17	6,90	0,34
XV	13	10,85	0,81
XVI	37	21,40	0,58
XVII	20	13,25	0,68
XVIII	11	9,50	0,85
XIX	4	2,50	0,63
XX	22	8,55	0,38
	538	318,50	0,59

Die letzten fünf Proben (XVI bis XX) sind
aus dem mittleren Theil des Stubbens, die
ersten fünfzehn aus dem peripherischen Theil
entnommen. Die obigen Zahlen beweisen,
dass der mittlere Werth für die Breite eines
Jahresringes in diesem Stück auffallend hoch
und innerhalb weiter Grenzen variabel ist[1]).

[1]) Diese Unregelmässigkeit sogar in derselben Periode
zeigt sich auch schon bei den oben besprochenen Hölzern
von Ibenwerder. Es ist die Dicke von
a) Periode II (21—60)
bei Holz B Rad. I . . . . 30,50 mm
 „ „ B „ II . . . . 19,80 „
 „ „ A „ „ . . . . 26,70 „
b) Periode III (61—100)
bei Holz A . . . . . . 36,70 mm
 „ „ B Rad. I . . . . 16,85 „
 „ „ B „ II . . . . 17,40 „

Wenn man nun bei der Abschätzung des
Alters für das 1. bis 20. Jahr die bei den
oben erwähnten Stücken von Ibenwerder
übereinstimmend gefundene mittlere Jahrringbreite von 0,33 mm und für die folgenden
Jahre die hier angegebene mittlere Breite
von 0,59 mm zu Grunde legt, ergiebt sich
für den Stubben von 3,40 m Umfang ein
Alter von 926 Jahren, d. h. etwa nur halb
soviel, als nach den Messungen der Stücke
A. und B. berechnet wurde.

Es sind hier ausführlich die obigen Tabellen
mitgetheilt, um zu zeigen, dass die aus Vergleichsstücken gewonnenen Werthe keinerlei
Gewähr leisten für eine annähernd richtige
Schätzung des Alters eines anderen Baumes
der nämlichen Localität. In dem ersten Falle
(Lindenbusch) lagen zwei Vergleichsscheiben
vor, und diese zeigen eine so verschiedene
Weite der Jahresringe, dass sich für die
lebende Eibe von dort — je nachdem man die
mittleren Werthe der einen oder anderen zu
Grunde legt — ein Alter von 943 oder
311 Jahren ergiebt. Im zweiten Falle (Gr.
Ibenwerder) sind ebenfalls zwei Querschnitte
vorhanden, aus welchen zusammen ein mittlerer Werth berechnet ist; hiernach stellt
sich das Alter des grossen Stubbens auf
1895 Jahre. Wenn man aber die mittleren
Maasse zu Grunde legt, welche aus zahlreichen Stichproben resultiren, die jenem
selbst entnommen sind, so findet man nur
ein Alter von 926 Jahren. Ich meine, dass
diese Ergebnisse, welche wohl geeignet sind,
die Schätzung des Alters von Bäumen überhaupt zu discreditiren, ganz ernstlich daran
mahnen, die durch comparative Messung gewonnenen Werthe nur mit grösster Vorsicht
hierzu zu verwenden.

Unter diesen Umständen lehne ich es auch
ab, eine Meinung über das vermuthliche Alter
der beiden stärksten Eiben unserer Provinz
auszusprechen. Nur soviel darf gesagt sein,
dass der lebende Baum des Ziesbusches voraussichtlich bis in die Ordenszeit und der
grosse Stubben von Ibenwerder weit in die
Vorgeschichte Westpreussens zurückreichen.
Die Eibe von Gr. Ibenwerder grünte, wenn

nicht früher, so doch zu jener Zeit, als die heidnische Bevölkerung noch Ur und Wisent, Elch und Bär hier jagte und ihr Land durch zahlreiche Burgwälle oder Burgberge gegen feindliche Einfälle sicherte.

Damals blühte nach dem Orient und Occident ein reger Tauschhandel, wodurch Perlen aus Glas und Emaille, diverse Schmucksachen aus Silber, besonders Filigranarbeiten, kufische Münzen und dgl. hierher gelangten.

C. Volksthümliches.

Bevor das Zurückgehen der Eiben-Standorte in unserer Provinz behandelt wird, möge hier noch ein Capitel über die volksthümliche Verwendung der Pflanze, womit jener Process theilweise in Zusammenhang steht, eingeschaltet werden.

Die dunkelgrüne Färbung der Nadeln verleiht der Eibe ein so ernstes und düsteres Aussehen, dass sie auch im Gemüthsleben der Völker eine Stelle gefunden hat. Schon im Alterthum wählte man *Taxus* als Ausdruck der Trauer und Furcht, und es wird erzählt, dass bei Todesfällen die Griechen Eibenzweige im Haar trugen und dass die Priester im Innern des Tempels von Eleusis sich mit *Taxus* und Myrtenzweigen bekränzten. Eine ähnliche Rolle spielt die Eibe in der Symbolik des Gemüthslebens unserer Vorfahren, und wenn es auch nicht meine Aufgabe sein kann, diese Frage ausführlich zu behandeln, glaube ich doch die Erfahrungen mittheilen zu sollen, die ich zumeist an Ort und Stelle in der Provinz gesammelt habe. Ich überlasse es den Ethnologen und Mythologen, diese Beobachtungen weiter zu verfolgen, und sie vom vergleichenden Standpunkt aus zu beleuchten.

Zunächst wurden Eibenzweige, und zwar gewöhnlich in der Form von Kränzen, als Gräberschmuck verwendet. Ich habe von dieser Sitte aus dem Munde der Leute in Lublanen, Heuwerder und Georgenhütte gehört, und es ist wohl möglich, dass dieselbe auch an anderen Orten Westpreussens geherrscht hat. Wie früh sie hier entstanden, lässt sich nicht aussagen, jedoch berichtet schon der preussische Florist Gottsched[1]) im Jahre 1703, dass Frauen die Blätter von *Taxus* statt Rosmarin in Kränze flechten und sie mit Gold oder Silber überziehen. Andererseits hörte ich von verschiedenen Seiten in Lublanen, Heuwerder und Georgenhütte, dass diese Verwendung der Eibenzweige noch vor einem oder zwei Jahrzehnten hier stattgehabt hat, und wenn es heute nicht mehr geschieht, so beruht es wahrscheinlich auf dem Umstand, dass die *Taxus* in Lublanen in hohem Grade zurückgegangen und die in Heuwerder nahezu gänzlich verschwunden sind; hingegen werden die Eiben in Georgenhütte neuerdings wohl mehr geschützt, seitdem diese Forst in den Besitz des Fiscus übergegangen ist. Uebrigens herrscht der gedachte Brauch ebenso in manchen anderen Gegenden Deutschlands, wo *Taxus* wild vorkommt. So erwähnen L. Krause[2]) und A. Roese[3]) denselben aus Mecklenburg bezw. Thüringen, und ich selbst erfuhr auf meinen Wanderungen durch das Revier Zwiesel W. im Baierischen Wald von einem Holzschläger, der mich im Herbst 1891 führte, dass besonders die mit rothen Früchten bedeckten Zweige dortiger Eiben zur Anfertigung von Todtenkränzen am Allerheiligentage sehr beliebt sind.

Ferner benützte man die Zweige in un-

---
[1]) Joh. Gottsched. Flora prussica. Regiomonti 1703. pag. 265.
[2]) L. Krause. Die beiden wilden *Taxus*-Bäume bei Rostock. Archiv der Freunde der Naturgeschichte in Mecklenburg. Jahrg. XXXIX. 1885. S. 113.
[3]) A. Roese. *Taxus baccata* L. in Thüringen. Botanische Zeitung. XXII Jahrg. 1864 S. 302.

serer Provinz zur Ausschmückung der Innenwände der Kirchen, nicht nur katholischer, sondern auch evangelischer. Namentlich in Steinzer, Wygoda, Lubianen, Georgenhütte und Benwerder, wurde mir berichtet, dass dort *Taxus*-Zweige zu diesem Zwecke entnommen sind, und zwar wurden von Wygoda die Kirchen in Sierakowitz und Schwanau, ferner von Lubianen die Kirchen in Bereut versorgt. Auch profane Gebäude, wie z. B. öffentliche Locale in Hammerstein, sind noch in neuerer Zeit bei festlichen Gelegenheiten im Innern mit Eibengrün geschmückt worden. Hierbei ist zu bemerken, dass der nächste Eiben-Standort (Georgenhütte) 6 km entfernt liegt, und dass das Laub anderer Bäume in grösserer Nähe zu haben ist. Ich führe diese Bemerkung an, um darauf hinzuweisen, dass die Verwendung von Eiben hier nicht zufällig geschieht, sondern wohl mit einer, wenn auch unbestimmten psychologischen Vorstellung zusammenhängt. Auch im Baierischen Walde, und zwar gleichfalls im Forstamt Zwiesel W., habe ich denselben Brauch, das Innere von Wohnräumen und Tanzlocalen mit Eibengrün auszuschmücken, angetroffen. Ferner erzählt schon Linné bei der Beschreibung der Eiben von Gothum und Boge auf Gothland[1], dass die Leute dort die Gewohnheit hatten, ihre Wände vom Fussboden bis zur Decke mit Eibenzweigen zu bekleiden, sodass sie mit diesen weichen Nadeln schön grün austapeziert waren. Er fügt schalkhaft hinzu, dass Dioscorides und Plinius, sofern sie in ein solches Haus zu

[1] C. Linnaei. Öländska och Gothländska Resa. Stockholm och Upsala 1745. p. 223:
"Jd wäxte stor som Gran eller Ek, men old "klärer, nog ymnogt i Gothums och Boge Sochner. "Folket hade ett artigt maner, at betäcka sina Wäggar "med Id-qwistar, då man begynte neder ifrån Golf- "wet, at likasom med Span betäcka waggen, som genom "det mluka Barret fick de altranneknuste gröne Ta- "peter. Om Dioscorides och Plinius hade har blif- "wit inviterade till Giast utt hus med tapeter af Taxo, "aldrig hade de torrit wågat gå ther sofwa någon natt "eller äta någon bit, som trudde, at allenast sofwa "eller äta under en Tax worm lifsacb; det Gothum "här for är."

Gast gebeten wären, schwerlich gewagt haben würden, einen Bissen zu sich zu nehmen oder gar eine Nacht dort zuzubringen, da sie es für gefährlich hielten, unter Eiben zu essen oder zu schlafen; diese Ansicht wird hierdurch widerlegt.

Mit der Auffassung der Eibe als Symbol der Trauer und des Todes steht die weitere Beobachtung im Einklang, dass man dem Baume bisweilen auch auf Friedhöfen in Dörfern begegnet. So wird schon von Gottsched ein *Taxus*-Baum erwähnt, der früher auf dem Kirchhof in Trunz, Landkreis Elbing, gestanden hat[1], und später in einen Garten verpflanzt ist. Ferner steht eine Eibe auf dem Kirchhof in Frankenfelde, Kreis Pr. Stargard, wie ich oben (S. 19) erwähnt habe. Es ist mir sehr wahrscheinlich, dass sich die Zahl der Beispiele wird vermehren lassen, sofern man seine Aufmerksamkeit diesem Gegenstande zuwendet. Noch häufiger kommen Eiben auf Kirchhöfen in England vor, und weitberühmt ist beispielsweise der alte Baum im Kirchhof zu Grasford in Nordwales[2].

In manchen Gegenden Deutschlands findet man Eiben auch in der Nähe mittelalterlicher Ritterburgen, sowie an Burgwallen aus früh- und vorgeschichtlicher Zeit. Freilich in Westpreussen kann ich mich eines solchen Vorkommens nicht erinnern, obwohl ich hier mehr als hundert Burgwälle bezw. Burgberge aus der Zeit der heidnischen Preussen (arabisch-nordische Epoche) kenne. Hingegen verdanke ich Herrn Ober-Präsidenten Staatsminister von Gossler die Nachricht, dass ein Burgberg (Schwedenschanze). — Alte Schanze der Generalstabskarte) in dem ihm gehörigen Wensower Walde, Kr. Oletzko Ostpr., mit Eiben bestanden ist, während sie sonst an keiner anderen Stelle der dortigen Gegend vorkommen. Hieraus kann man wohl

[1] Joh. Gottsched. Flora prussica. Regiomonti 1703, pag. 266. "In coemeterio pagi Trunz provenerat olim, quam eradicatam in hortum transtulit quidam, Arbuscula haec facile crescit transplantata, duratque ultra seculum."

[2] St. Endlicher u. Fr. Unger. Grundzüge der Botanik. Wien 1843. S. 399.

folgern, dass einst *Taxus* hier vielleicht zu Cultuszwecken künstlich angepflanzt ist. Beiläufig sei bemerkt, dass ich weiter auch an den alten, frühgeschichtlichen Wallanlagen auf den bewaldeten Anhöhen der Donau unweit Kelheim vielfach Eiben angetroffen habe, indessen kommen sie dort auch sonst noch häufig als Unterholz vor. Daher braucht man nicht anzunehmen, dass diese Eiben von Menschenhand gepflanzt sind, vielmehr können sie auch auf natürlichem Wege dorthin gelangt sein.

Das Vorhandensein von *Taxus* in der Nähe alter Burgen hängt theilweise mit dem Umstande zusammen, dass ihr Holz wegen seiner Festigkeit, Zähigkeit und Elasticität von Alters her ein sehr geschätztes Material zur Waffenfabrikation gewesen ist. Die Möglichkeit, sich selbst mit dem Messer die Waffe zu fertigen, hat dem Eibenbogen eine so frühe Entstehung gegeben, als man überhaupt daran dachte, aus der Ferne treffen zu wollen[1]). Daher reicht der Gebrauch des Eibenbogens bis in die älteste Epoche unserer prähistorischen Cultur zurück, und man hat schon wiederholt Ueberreste desselben in Pfahlbauten aus der Steinzeit angetroffen. In Westpreussen kennt man bislang überhaupt keinen neolithischen Pfahlbau, aber in dem Pfahlbau von Wismar[2]) „ward auch ein Stück bearbeitetes Holz gefunden, das ohne Zweifel ein Bruchstück von einem Schiessbogen ist. . . . Das Holz, welches nicht angebrannt ist, ist sehr hart und fest und wahrscheinlich[3]) Eibenholz." Ausserdem kam dort noch „ein Bruchstück von einem Geräth aus Holz (Eibenholz)" vor, welches in Grösse, Form und Bearbeitung einer Harpune gleicht. Auch noch am Schluss des 15. Jahrhunderts hat der Eibenbogen, trotz der Entwickelung der Feuerwaffen, eine solche Rolle gespielt, dass man die Uebung in seiner Handhabung zu den ritterlichen Künsten rechnete[1]). Er wurde selbst im Kriege noch verwendet, und in Kaiser Maximilians I. Zeugbüchern ist nicht blos von ihm unter der Bezeichnung „englischer Bogen" die Rede, vielmehr findet sich auch der Gebrauch desselben abgebildet. Daher kommt es, dass mit dem Eiben- oder Bogenholz, zumal nach England und den Niederlanden, ein schwunghafter Handel betrieben wurde, und es sind uns aus jener Zeit mehrere Aufzeichnungen erhalten, welche ein nicht uninteressantes Bild geben, in welcher Weise dieser Eibenbogenhandel ausgeführt wurde. Unter den Nürnberger Acten im Archiv des germanischen Museums befindet sich ein Fascikel, welches die Papiere der Gesellschaft Christoph Fürer und Leonh. Stockhamer in Nürnberg sowie ihrer Erben und Nachfolger über den mit Eibenholz betriebenen Handel von 1532 bis 1595 enthält[2]). Der eine Gesellschafter Christoph Fürer war Rath der römischen Kaiser Maximilian I., Karl V. und Ferdinand I., überhaupt ein sehr angesehener Herr; der andere Gesellschafter Leonhard Stockhamer war der beiden erstgenannten Kaiser Secretär und Ferdinand I. Rath gewesen. Beide hatten ihre Stellungen und Beziehungen zum Hofe benützt, um ein Privileg zu erlangen, das sich wahrscheinlich recht gut rentirte. In einem Erlass von 1532 wird ihnen auf sechs Jahre das ausschliessliche Recht verliehen, in

---

[1]) Es ist möglich, dass die lateinische Bezeichnung des Baumes: *taxus* in naher Beziehung zu dem griechischen Wort τόξον (Bogen) steht. Von anderer Seite wird *taxus* auf ταξις (ordo, ordnen) zurückgeführt, wegen der zweizeilig angeordneten Blätter.

[2]) G. C. F. Lisch, Pfahlbau von Wismar. Zweiter Bericht. Jahrbücher des Vereins für mecklenburgische Geschichte und Alterthumskunde. XXXII. Jahrgang. Schwerin 1867. S. 185.

[3]) Da das Material des Schiessbogens in obigem Falle nur „wahrscheinlich" als Eibenholz bezeichnet ist, wünschte ich dasselbe nachzuprüfen. Indessen wurde ein an die Direction des Grossherzoglichen Museums in Schwerin i. M. gerichtetes Gesuch abschlägig beschieden, weil die dort geltenden Verwaltungsgrundsätze das Ausleihen von Sammlungsgegenständen nicht gestatten.

[1]) A. Essenwein, Der Eibenbogen. Mittheilungen aus dem germanischen Nationalmuseum. I. Band, Jahrgang 1885, S. 153.

[2]) H. Bosch, Der Eibenbogenhandel der Gesellschaft des Christoph Fürer und Leonhard Stockhamer zu Nürnberg. Mittheilungen aus dem germanischen Nationalmuseum. I. Band, Jahrg. 1886. S. 246 ff.

Niederösterreich Eibenholz zu schlagen und zu verarbeiten, damit zu handeln und dasselbe auszuführen. Es wurde den Unternehmern zur Pflicht gemacht, sich über den Ort, wo sie es schlagen lassen wollten, zuvor mit dem Vitzthum des Landes zu benehmen, das Holz nur zur gewöhnlichen Zeit, und zwar nur von dieser Arbeit verständigen Leuten schlagen zu lassen, nur für Bogen taugliches Holz zu schlagen und etwa nicht passendes geschlagenes doch anzunehmen. Aus den vorerwähnten Papieren geht weiter hervor, dass die Gesellschaft in den fünfziger und sechsziger Jahren das Eibenholz aus Oesterreich ob der Ens bezog und im Jahre 1559/60 nicht weniger als 36650 Bogen angenommen hatte.

Aber nicht nur durch Nürnberger, sondern auch durch hiesige Kaufleute wurde ein lebhafter Handel mit Bogenholz betrieben, und es ist bekannt, dass grosse Mengen davon zur Ordenszeit über Danzig verschifft sind[1])

Daher lag es nahe, die Frage zu untersuchen, ob etwa ein Theil dieser Waare aus unserem eigenen Gebiet herrührte, zumal die obigen Schilderungen beweisen, dass der damalige Bestand an *Taxus* in Westpreussen gar nicht unbeträchtlich gewesen ist. Indessen hat sich nicht ergeben, dass jenes der Fall war, vielmehr geht aus den historischen Aufzeichnungen hervor, dass auch die über Danzig exportirten Hölzer aus Oesterreich, und zwar aus den Wäldern der Karpathen und des Salzkammergutes stammen. Von dort wurden sie nach solchen Orten hingeschafft, an welchen man sie dann nach Danzig hinablössen konnte. Im hiesigen Stadtarchiv[2]) befindet sich der Entwurf eines zwischen dem Kaiser Maximilian I. und einem Danziger Kaufmann abzuschliessenden oder abgeschlossenen Vertrages, nach welchem letzterer die Erlaubniss erhält, für sechs Jahre in den Wäldern bei Weissenbach, am Nettersee zwischen S. Wolfgang und Gmünden, mitten im Gebirge, sowie auch bei dem Kloster Armuth und bei Eisenerz im Bisthum Salzburg, jährlich 200 Stämme Eibenholz nebst allem Eiben-Lagerholz zu hauen und an Ort und Stelle zu bearbeiten. Alles dieses Eibenholz darf er nach Preussen hinunterbringen und von da nach Antorf (Antwerpen) oder England ausführen: die Beamten des Kaisers, besonders sein Spiessmacher Hans Wagner, werden aufgefordert, jenem dabei förderlich zu sein. Wenn man nun nach den uns überlieferten Urkunden annehmen muss, dass nur auswärtiges Eibenholz von Danzig nach England und den Niederlanden gegangen ist, wird man weiter folgern dürfen, dass die westpreussischen Gebiete, in denen damals zweifellos grössere Horste alter Eiben bestanden haben (Lindenbusch, Georgenhütte), noch nicht aufgeschlossen waren.

In der Gegenwart wird *Taxus*-Holz in Deutschland kaum noch zur Waffenfabrikation verwendet, dagegen fertigen die Indianer des pacifischen Nordamerika noch jetzt ihre Bogen, Speergriffe, Fischangeln u. dergl. aus dem Holz der *Taxus brevifolia* Nutt., welche vielleicht von unserer einheimischen *Taxus baccata* L. specifisch nicht verschieden ist[1]). Ebenso werden auf Jesso heutzutage Bogen aus der dortigen Eibe, *Taxus cuspidata* Sieb.&Zucc. hergestellt[2]), die gleichfalls unserer einheimischen Art sehr nahe steht.

Abgesehen hiervon wurde das Eibenholz von Drechslern und Kunsttischlern so werthgeschätzt, wie in späterer Zeit das Holz des Buchsbaumes, zumal es gleichfalls eine schöne Politur annimmt. Daher ist es auch zu Gefässen, Löffeln und diversen anderen Schnitzwaaren gerne verarbeitet worden. Schon Plinius erzählt[3]), dass in Gallien aus

---

[1]) Th. Hirsch, Danziger Handels- und Gewerbegeschichte unter der Herrschaft des Deutschen Ordens Leipzig 1858, S. 102, 116, 174 u. a.

[2]) Nach freundlicher Auskunft des Herrn Stadtarchivar Archidiaconus Bertling in Danzig, liegt diese Urkunde in Schublade XXIII, 7, nicht XXXIII, 3782, wie Hirsch a. a. O. S. 174, Fussnote 539, angiebt.

[1]) H. Mayr. Die Waldungen von Nordamerika München 1890 S. 341.

[2]) R. Langkavel. Der Eibenbaum. Die Natur. 41. Jahrg. Halle a. S. 1892, S. 51

[3]) Plinius. Historia naturalis. Lib. XVI. Cap. XXII. „Vasa vlatoria e taxo ad vinum in Gallia facta."

Taxus Reisegefässe für den Wein hergestellt würden, und dass durch dergleichen Gefässe bisweilen der Wein vergiftet worden sei. In den in Deutschland und Oesterreich vorhandenen vor- und frühgeschichtlichen Gräbern kommen ebenfalls Eimer und ähnliche Objecte von Eibenholz vor, das sich theilweise noch bis in die Gegenwart gut erhalten hat.

In Westpreussen ist ein solcher Fund bisher nicht bekannt geworden, indessen wird es sich auch in Zukunft empfehlen, alle bei prähistorischen Forschungen zu Tage kommenden bearbeiteten Holzreste sorgfältig zu sammeln und zu prüfen. Dagegen sind mehrere derartige Vorkommnisse in anderen Theilen unseres Flachlandes zu verzeichnen. Auf der römischen Begräbnissstelle von Haven in Mecklenburg-Schwerin, welche in die erste Hälfte des dritten Jahrhunderts n. Chr. verlegt wird, fanden sich ausser zahlreichen anderen interessanten Gegenständen auch zwei gleiche Holzeimer mit Broncebeschlag[1]). Nach den von J. Roper und auch von S. Schwendener ausgeführten Untersuchungen, deren Ergebnisse a. a. O. mitgetheilt sind, gehört dieses Holz der Eibe an. Etwas jünger (Ende des 3. oder Anfang des 4. Jahrhunderts) ist ein anderes römisches Gräberfeld, welches vor wenigen Jahren bei Sackrau unweit Breslau entdeckt und von Grempler ausführlich beschrieben wurde[2]). Hier kamen u. a. auch zwei Holzgefässe vor, nämlich ein mit Bronce beschlagener Eimer und ein kleineres Schöpfgefäss, welche beide nach F. Cohn's Prüfung aus Eibenholz verfertigt sind[3]).

Wenn man wohl annehmen muss, dass diese in römischen Gräberfeldern in Mecklenburg und Schlesien aufgefundenen Gefässe aus Eibenholz nicht dort hergestellt, sondern vom Süden her importirt sind, so geht andererseits aus historischen Quellen hervor, dass auch die Eiben unseres Flachlandes eine ähnliche Verwendung gehabt haben. Der schlesische Naturforscher Casp. Schwenckfeld schreibt:[1]) „ligni materies . . . fere incorrupta, ex qua hastae, arcus, cauthari, cochlearia parantur" und F. S. Bock berichtet in seiner Naturgeschichte Ost- und Westpreussens vom Jahre 1782/83, dass das Holz der Eibe bei der Arbeit eine sonderbare Glätte annimmt und zu kleinen Schnitzwerken und gedrehten Kunstsachen, wie Löffeln, Stockknöpfen, Büchsen und Kästchen verarbeitet wird. Aber auch heute findet es gelegentlich eine ähnliche Verwendung, wie bereits oben bei der Beschreibung der einzelnen Fundorte erwähnt ist. Die beiden Königl. Förster Herr Erler in Eichwald bei Osche und Herr Siegmeyer in Heuwerder bei Zanderbrück haben sich daraus wiederholt Ellen und andere Maassstäbe angefertigt und übergaben je ein Exemplar dem Westpreussischen Provinzial-Museum. Ferner stellte der Förster Siegmeyer, nach seiner Aussage, auch Lineale, Hundepfeifen und Hammerstiele aus altem Stockholz her, und der Stellmacher Lange am Gr. Steinsee im Karthäuser Kreise benützte es zur Anfertigung von Hobelnasen, Griffen an Handsägen u. dgl. Wenn grössere Touristenwege unsere Provinz durchschnitten, besonders nahe den Eiben-Standorten, würde sich wahrscheinlich die Klein-Industrie des Eibenholzes hier in demselben Grade bemächtigt haben, wie es in vielen Gebirgsgegenden der Fall ist. Im südlichen Baiern (Berchtesgaden), im Salzkammergut (Hallstatt) und an zahlreichen Orten der Schweiz werden ja allerlei aus dortigem *Taxus*-Holz gefertigte Gegenstände, wie Schälchen, Dosen, Eierbecher, Manschettenknöpfe etc. feilgeboten und als „Reise-

---

[1]) G. C. F. Lisch. Römergräber in Mecklenburg. II. Römische Alterthümer von Häven. Jahrbücher des Vereins für mecklenburgische Geschichte und Alterthumskunde XXXV. Jahrgang. Schwerin 1870. S. 118 ff.

[2]) Grempler. Der I. Fund von Sackrau. Mit fünf Bildertafeln und einer Karte. II. Ausgabe. Brandenburg a. d. H. 1887. — Ders. Der II. und III. Fund von Sackrau. Mit sieben Bildertafeln. Berlin SW. 1888. (Vgl. Taf. I. Fig 2 u. 3.)

[3]) F. Cohn. Ueber Gefässe aus Taxusholz in den Gräberfunden von Sackrau bei Hundsfeld in Schlesien. 66. Jahresbericht der Schlesischen Gesellschaft für vaterländische Cultur. 1888, Breslau 1889. S. 164 ff.

[1]) Casp. Schwenckfelt. Stirpium et fossilium Silesiae catalogus. Lipsiae 1601. pag 203.

erinnerungen" dem Freunde aufgedrungen. Wie wir gesehen haben, ist bei der Bevölkerung auch in Westpreussen die Neigung vorhanden, dieses Holz zu kleinen Drechseleien zu verarbeiten, und wenn sich dieser Industriezweig nicht weiter ausgebildet hat, ist dies wohl hauptsächlich der geringen Nachfrage hier zu danken.

In der Kassubei herrschte früher der Brauch, die Blätter der in den Bauerngärten vereinzelt gebauten Tabakpflanzen zu Schnupftabak zu verarbeiten. Hierbei diente als Behälter ein besonderes Thongefäss (poln. Donica) und als Stampfe (poln. Tabacznik, d. i. Tabakmacher) gewöhnlich ein keulenförmiges Holz, dessen dickeres Ende zur Herstellung des Gleichgewichtes nach oben gehalten wurde. Herrn A. Treichel, der über diesen Gegenstand Näheres berichtet[1]), verdankt das Provinzial-Museum in Danzig je ein Exemplar von Donica und Tabacznik, welche jetzt kaum noch in jener Gegend in Gebrauch sein dürften. Während man zur Stampfe gewöhnlich ein Wachholderholz (*Juniperus communis* L.) wählte, sind früher in Lubianen bei Berent — nach Aussage des Besitzers Krefft daselbst — Stämmchen von *Taxus baccata* L. verwendet worden, obwohl Wachholder gleichfalls in jener Gegend vorkommt.

In anderen Theilen unseres Vaterlandes hat das Holz der Eibe selbst als Bauholz Verwendung gefunden. So besass der Badewirth Gräser in Elgersburg in Thüringen ein ganzes Zimmer-Meublement, das aus *Taxus*holz vom Veronicaberg gearbeitet war[2]), und in Glückichsberg bei Neuwaltersdorf in Schlesien soll dasselbe noch gegenwärtig zu verschiedenen Tischlerarbeiten verwerthet werden[3]).

Ferner berichtet Roese (a. a. O.), dass in alten Gebäuden der Göttinger Umgegend *Taxus* als Bauholz Verwendung gefunden hat, und dass es dort auch noch über Buche alte Stege giebt, die aus Eibenholz bestehen. Als man im Jahre 1868 in der Nähe von Wladiwostok in Ostasien einige Eibenstämme auffand, wurden sie sofort zu Hafenbauten benützt, und der später entdeckte „Wald" solcher Bäume schuf günstige Bedingungen für den dortigen Schiffsbau[1]).

Eine eigenartige Verwendung haben ausserdem die Zweige der Eiben von Georgenhütte und Ibenwerder in früherer Zeit gefunden, nämlich zur Ausschmückung von Weihnachtsgebäck[2]). Dasselbe war aus Weizenmehl in Form von Lämmchen, Hasen oder Pferden mit und ohne Reiter hergestellt, und an geeigneten Stellen hatte man einen kleinen Eibenzweig hineingesteckt. Dasselbe wurde in Schlochau, Hammerstein, Jastrow, Neustettin, Ratzebuhr und in anderen benachbarten Städten vor Weihnachten auf den Markt gebracht. Die Bäcker hatten daher zumeist mehrere Meilen Wegs nach der Hammersteiner Forst zurückzulegen, um hier die Eibenzweige zu holen, und mussten für jeden gefüllten Sack 50 Pf. an den herrschaftlichen Förster entrichten. Wie lange dieser Brauch geherrscht hat, konnte ich in loco nicht in Erfahrung bringen, jedoch theilte der ehemalige Bäckermeister, jetzige Rentier Herr Fasslabend in Schlochau, dem ich hauptsächlich obige Angaben verdanke, mir mit, dass er selbst jenes Gebäck in den Jahren 1823 bis 1840 gemacht hat. Nach Aussage der Herren Bäckermeister Siegler, Zuckerbäcker Lindenblatt und Gastwirth Dannert in Hammerstein, dürfte hier dieses Gebäck noch bis in die neuere Zeit hinein

---

[1]) A. Treichel. Volksthümliches aus der Pflanzenwelt, besonders für Westpreussen. II. Schriften der Naturforschenden Gesellschaft in Danzig. N. F. V. Bd. 3. Heft. Danzig 1892. S. 216.

[2]) A. Roese. *Taxus baccata* L. in Thüringen. Botanische Zeitung XXII. Jahrg. 1864. S. 298.

[3]) E. Fiek. Flora von Schlesien. Breslau 1881. S. 533. Handschriftlicher Zusatz in dem im Botanischen Museum zu Breslau befindlichen Exemplar des † R. v. Uechtritz.

[1]) B. Langkavel. Der Eibenbaum. Die Natur. 41. Jahrg. Halle a. S. 1892. S. 54.

[2]) Eine gelegentliche mündliche Mittheilung von mir über diesen Gegenstand ist von anderer Seite bereits zu einer kurzen Publikation benutzt worden. Vgl. „Danziger Zeitung" No. 19108 vom 16. September 1891 und „Die Natur". 41. Jahrg. Halle a. S. 1892. S. 69. Fussnote 2.

angefertigt worden sein. Es wäre wohl von Interesse, nachzuforschen, welche Vorstellung die Leute zunächst zu dieser Anwendung der Taxus-Zweige geführt hat, denn es kann selbstverständlich kein Zufall sein, dass sie gerade dieses Grün wählten und nicht anderes, welches sie viel leichter hätten erreichen können. Von einer Seite hörte ich, dass diese Benützung darauf beruhe, dass die Nadeln der Eibe schön gefärbt, weich und ziemlich harzfrei sind, jedoch genügen diese Eigenschaften meines Erachtens nicht, um obige Erscheinung zu erklären, vielmehr muss hiermit eine ganz bestimmte Vorstellung im Volke verknüpft gewesen sein.

Es wurde mir mitgetheilt, dass die Eibe in verschiedenen Orten des Königreiches Sachsen eine ähnliche Verwendung gefunden hat; ob es auch anderswo geschieht, ist mir nicht bekannt. Indessen möge darauf hingewiesen werden, dass Taxus um die Wende des 18. und 19. Jahrhunderts in der Mark Brandenburg als Weihnachtsbaum in Gebrauch gewesen ist, denn Schmidt von Werneuchen singt in einem seiner Lieder:

„Mit Aepfeln prangt der Taxusbaum
Und blinkt von Gold- und Silberschaum."[1]

Vielleicht besteht ein innerer Zusammenhang zwischen diesem Gebrauch der Eibe als Weihnachtsbaum und der Verwendung ihrer Zweige zum Ausputz des Weihnachtsgebäck.

In einem sonderbaren Irrthum ist A. Treichel befangen, wenn er schreibt[2]): „Weil sie (Taxus baccata) sich geduldig biegen, binden und schneiden liess, wurde sie bei Allongen-Perücken und Reifrocken gebraucht, mit denen sie aber aus der Mode kam. (Pr. Prov.-Bl. Bd. 25, S. 302)." Dieses Citat bezieht sich auf eine Stelle der von E. Meyer in der Physikalisch-Oekonomischen Gesellschaft zu Königsberg i. Pr. am 19. Februar 1841 ge-

haltenen und a. a. O. abgedruckten Vorlesung über die Coniferen. Derselbe sprach über die einheimischen oder häufiger cultivirten Arten und erwähnte schliesslich die Eibe als einen Fremdling[1]), der in Gärten wohl gelitten wird, weil er sich so geduldig biegen und binden und schneiden lässt (s. oben S. 3), dann aber zugleich mit den Reifröcken und Allongeperrücken aus der Mode kam. Doch scheint es, fügt Meyer hinzu, als sollte er, wie jene, aufs neue Gnade finden, wenigstens fehlt es nicht an neuen Lobrednern des Allongeperrücken-Geschmackes in der Gartenkunst. Ich nehme an, dass Treichel die von ihm citirte Stelle garnicht gelesen hat, sonst würde er sie nicht in obiger Weise haben missverstehen können.

Auch in der Volksmedicin spielt Taxus baccata L. eine Rolle. Zunächst gehört sie zu denjenigen Pflanzen, deren Blätter, mit denjenigen von Juniperus Sabina L. verwechselt und vermengt, seit den frühesten Zeiten als Abortivmittel angewendet sind[2]). Ich vermag nicht mit Bestimmtheit anzugeben, dass dieses auch in Westpreussen stattgehabt hat, jedoch ist es mir sehr wahrscheinlich, da ich von der Bevölkerung im Berenter Kreise einige Andeutungen hierüber vernommen habe. Andererseits ist die Eibe in unserer Provinz gegen den Kropf der Pferde in Gebrauch gewesen, und zwar muss es in grossem Umfang geschehen sein, da man schon vor mehr als hundert Jahren die Seltenheit der Pflanze in Ost- und Westpreussen auf das Abreissen der jungen Aeste zu diesem Zweck zurückführte[3]). Ferner ist sie auch gegen die Tollwuth der Hunde gebraucht worden, denn Gottsched erwähnt l. c., dass die Bauern das Sägemehl des Eibenholzes gegen Hundswuth anwenden, und ferner erfuhr ich von

---

[1]) Citat nach: C. Bolle, Andeutungen über die freiwillige Baum- und Strauchvegetation der Provinz Brandenburg. Berlin 1886, S. 80.
[2]) A. Treichel, Volksthümliches aus der Pflanzenwelt, besonders für Westpreussen VII. Altpreussische Monatsschrift. Band XXIV. Königsberg i. Pr. 1887. S. 586.

[1]) Diese Bezeichnung deutet darauf hin, dass E. Meyer die Orte spontanen Vorkommens in Ost- und Westpreussen nicht gekannt hat.
[2]) A. Rosse, Taxus baccata L. in Thüringen. Botanische Zeitung XXII. Jahrg. 1864, S. 302.
[3]) F. S. Bock, Versuch einer wirthschaftlichen Naturgeschichte von dem Königreich Ost- und Westpreussen. III. Bd. Dessau 1783, S. 238.

dem Besitzer Krefft in Lubianen, dass dort noch bis in die 50er Jahre unseres Jahrhunderts das Splintholz der Eibe gegen Tollwuth im Gebrauch gewesen ist. Diese Anwendung fand auch in anderen Gegenden, z. B. in Schlesien statt; denn Schwenckfeld berichtet, dass die Holzspäne von *Taxus* gegen den Biss eines tollen Hundes, ferner auch, dass der Saft gegen Schlangenbiss hilft, und dass durch Räuchern mit *Taxus* die Mäuse getödtet werden[1]. Später führt Osiander[2] pulverisirte *Taxus*-Blätter, die mit Bier zu nehmen seien, gegen Hundswuth, Schlangenbiss und Insectenstich an und fügt hinzu, dass das Mittel von einem Fürstl. Schwarzenbergischen Jäger stammen und in Wien unter dem Namen des Schwarzenbergischen Mittels bekannt sein soll.

Schon von Alters her gilt der Baum für giftig, und zwar zum Theil mit Recht, denn seine Blätter enthalten in der That ein scharfes Alkaloid. Neuere Untersuchungen haben ergeben, dass von den Nadeln

3—5 gr genügen, um Kaninchen,
30 gr „ um Hunde,
500 gr „ um Pferde

zu tödten[3]. Ungeachtet dieser nachtheiligen Eigenschaften werden die Eiben gerne von Wild und Rindvieh angegangen, jedoch mag es sich hierbei mehr um ein Schälen der jungen Rinde, als um Aufnahme der Nadeln handeln.

Plinius berichtet, dass nach Sextius Niger in Arcadien sogar die Ausdünstung des Eibenbaumes zur Blütezeit schädlich und auch tödtlich wirken könne, und Dioscorides erzählt das Nämliche von dem Schatten der Eiben von Narbonne[4]. Dagegen bemerkt schon Caspar Schwenckfeld, dass der Schatten des Ibenbaumes zwar nach den Berichten des Alterthums in der Gallia narbonensis und in Spanien verderblich gewesen sein möge, aber in Schlesien sei der Baum durchaus nicht schädlich und sein Schatten nicht im mindesten gefährlich[1]. Ob *Taxus baccata* auch in Deutschland, besonders in Westpreussen, je die Rolle eines Mauzanillabaumes gespielt hat, ist mir nicht bekannt; ich fand hierüber nur eine beiläufige Bemerkung, die nicht beweiskräftig erscheint[2]).

Ebenso wurden die Früchte der Eibe von Plinius, Dioscorides u. a. für giftig erklärt, aber schon Schwenckfeld bemerkt, dass jene von Knaben und Hirten ohne allen Schaden gegessen werden[3]). Aus eigener Erfahrung kann ich hinzufügen, dass ich wiederholt den fleischigen rothen arillus genossen und von seinem faden süsslichen Geschmack mich überzeugt habe. Ob etwa der Samen giftige Eigenschaft besitze, entzieht sich meiner Kenntniss.

Wegen des düsteren Aussehens, sowie wegen seiner wirklich und vermeintlich giftigen Eigenschaften, galt *Taxus* schon im Alterthum für einen dämonischen, den Göttern der Unterwelt geweihten Baum. Auch bei den Germanen hatte er einen ähnlichen Ruf, und nach der Edda war der Markt der Götterstadt Asgard mit Eiben bepflanzt. Die Scheu vor dem Baum spricht sich in Sage und Dichtung der verschiedenen Epochen aus, z. B. in dem Gothe'schen Verse:

„Hier, wo die Ulme trauert,
Der Eibe Schatten schrecket".[4]

---

[1] C. Schwenckfeld. Stirpium et fossilium Silesiae catalogus. Lipsiae 1601, pag. 263: „Taxus in Silesia neutiquam malefica et umbrae periculo caret."

[2] A. Treichel. Volksthümliches aus der Pflanzenwelt, besonders für Westpreussen. VII. Altpreussische Monatsschrift Band XXIV. Königsberg i. Pr. 1887, S. 586.

[3] C. Schwenckfeld. Hirschbergischen Warmen Bades Beschreibung. Neben einem kurzen Verzeichniss derer Kräutern und Bergarthen, welche umb diesen Warmen Brunnen hin und wieder auffs Gebirgen gefunden werden. Gorlitz 1607, S. 195.

[4] Citat nach: Jac. u. Wilh. Grimm. Deutsches Wörterbuch. III. Band. Leipzig 1862, S. 78.

---

[1] Casp. Schwenckfeld. Stirpium et fossilium Silesiae catalogus. Lipsiae 1601 pag. 263. „Rasura ligni vulgi experimento contra morsum canis rabidi datur. Succus vero arboris ad elephas morsum multum facit. Suffitu necantur mures."

[2] J. F. Osiander. Volksarzneimittel. Tübingen 1826 S. 146.

[3] L. Lewin. Lehrbuch der Toxicologie. Wien und Leipzig. 1885. S. 252.

[4] Vgl. F. Cohn a. a. O.

D. Rückgang und Ursachen desselben.

Aus den im ersten Abschnitt gegebenen Standorts-Beschreibungen und aus den Betrachtungen im ersten Capitel des zweiten Abschnittes geht im Allgemeinen hervor, dass *Taxus baccata* L., früher in Westpreussen häufiger war und grossere Horste gebildet hat, als in der Gegenwart. Wenn wir diese Standorte der Reihe nach überblicken, finden wir keinen einzigen, an welchem nachweislich noch der einstige Bestand an Eiben vorhanden ist. Zwar im Ziesbusch gesleihen die Pflanzen freudig und sind seit Jahrzehnten wohl auch ungefähr in derselben Anzahl geblieben; allein der Umfang des Horstes war vor dem Jahre 1826 viermal grosser als jetzt. Der zweitgrösste Horst, im Schutzbezirk Georgenhütte gelegen, geht mit raschen Schritten zurück, und es steht zu befürchten, dass selbst die älteren Bäume zufolge plötzlicher Freistellung in Bälde schwinden werden. In Eibendamm, Lublanen, Wygoda, Kl. Benwerder und Eichwald giebt es jetzt fast nur noch Sträucher, jedoch zeugen überall zahlreiche Stubben von dem einstigen Vorhandensein grösserer Eibenbäume. In Mieschutschin habe ich das Vorkommen solcher Stubben nicht constatiren können, aber setenmässig ist festgestellt, dass die Fläche, auf welcher hier die beiden Eibenbäume stehen, früher zur königlichen Forst gehört hat und erst später eingetauscht ist. Daher kann man wohl vermuthen, dass sie dort nicht immer die einzigen ihrer Art waren. Endlich in Steinsee und Gr. Benwerder ist die lebende Eibe völlig verschwunden, und wird nur noch durch abgestorbenes, theilweise subfossiles Holz vertreten; ob anderswo in Westpreussen *Taxus*

Reste unter Tage vorkommen, ist wohl möglich, aber mir nicht bekannt. Die einzelnen grünen Sträucher in Sommerberg und Neuhaus kommen aus früher erörterten Gründen nicht weiter in Betracht. Somit geben die westpreussischen Standorte in der That ein vorzügliches Beispiel für den Rückgang der Eibe, wie derselbe Process auch bereits in anderen Gegenden beobachtet wurde. Es entsteht nun die Frage, ob es möglich ist, einen oder einige Factoren nachzuweisen, welche diesen Rückgang herbeiführen.

Meines Erachtens sind es mehrere Ursachen, deren Zusammenwirken die gedachte Erscheinung zur Folge hat, und zwar kann man hierbei zweierlei wohl unterscheiden. Einmal giebt es eine Anzahl örtlich wirkender Factoren, welche das freudige Gedeihen der Pflanze beeinträchtigen, und dann treten noch allgemeine Momente hinzu, welche die Vermehrung und Verbreitung der Species überhaupt erschweren. Beginnen wir mit der Erörterung der ersteren. Wie oben gezeigt, liebt *Taxus* einen frischen, feuchten Boden und wächst bisweilen, gemeinsam mit Erlen und Weiden, auf einem sumpfigen, torfigen Untergrund. Nun haben in der Neuzeit die Wasserstände im Allgemeinen abgenommen[1]), seitdem zahlreiche Seen entwässert und Bruchflächen in der Forst nutzbar gemacht sind, und seitdem die Entwaldung auch bei uns immer weiter um sich greift. Die hierdurch bewirkte Senkung des Grundwassers ist nicht

---

[1]) A. Jentzsch. Die geognostische Durchforschung der Provinz Preussen im Jahre 1876. Schriften der Physikalisch-Ökonomischen Gesellschaft zu Königsberg. XVII. Jahrg. 1876. S. 116 ff.

unbeträchtlich, sondern dürfte auf etwa 1 m zu veranschlagen sein[1]). Da nun die Eibe entschieden einen flachen Wasserstand verlangt, wird mit dem Zurücktreten desselben eine ihrer wichtigsten Lebensbedingungen nicht mehr in vollem Maasse erfüllt, und der Baum kann daher nicht mehr so freudig gedeihen, wie ehedem. In Ibenwerder, Kreis Schlochau, waren früher Eiben in grosser Zahl vorhanden, während jetzt nur zwei bezw. drei Sträucher am Leben sind. Nun ist bekannt, dass vor etwa fünfzig Jahren die Anlage von Rieselwiesen im damaligen Schutzbezirk Eickfier (jetzt Ibenwerder) eingeleitet wurde, und ich halte es für sehr wahrscheinlich, dass dieser Umstand dazu beigetragen hat, das weitere Fortkommen der Eiben wesentlich zu beeinträchtigen. In den reponirten Acten der Königl. Regierung zu Marienwerder findet sich eine Denkschrift des Domänen-Rentmeisters Neumann vom 10. August 1843, worin es heisst:

„Wenn aber auch von allen diesen voraufgezählten Acquisitionen abgestanden wird, so scheint schliesslich doch noch die Benutzung der unterhalb Pulvermühl liegenden Königl. Forst im Revier Thielengut[2]) von einer zu grossen Wichtigkeit, dass es nur dringend zu wünschen bleibt, wenigstens hierauf die ganze Aufmerksamkeit zu richten. In den Jagen No. 313, 312, 311, 284, 283, 282, 255, 254[3]) ziehen sich nämlich in einer ununterbrochenen Kette viele mit einander correspondirende Brüche von mitunter bedeutendem Umfange und mit vorzüglichem Wiesengrunde versehen am Ballfluss herab. Ihrer nassen Lage wegen findet sich darauf gegenwärtig nur ein sehr unregelmässiger und verkrüppelter Holzwuchs, bestehend aus verkümmerten Elsen und Birken vor, während rund herum sich sehr schöne hochwüchsige Kiefernbestände dem Auge darbieten. Der günstigen etwas abschüssigen Lage und des besonders fetten Wiesengrundes wegen ist es im Interesse der Forstverwaltung sehr räthlich, diese Brüche roden zu lassen und zur Heuwerbung zeitpachtweise zu nützen. Eine Trockenlegung wird aber auch dann selbst bedingt, wenn sie wie bisher lediglich zur Holzcultur liegen bleiben sollen, indem der Holzwuchs durch die übergrosse Nässe zu sehr gestört wird, und die Forstverwaltung folglich, wie der Augenschein zeigt, entweder gar keinen oder doch nur einen sehr geringen Nutzen daraus zieht. Der Umfang dieser Flächen ist mindestens auf 1000 Morgen zu schätzen, und kann in der Wirklichkeit leicht möglich gegen 1500 Morgen betragen." In einer anderen Denkschrift des Ökonomie-Commissions-Rathes Schall vom 7. Januar 1848 heisst es: „Der II. Schlag beginnt an den Abzugsgräben Nr. 22 und 35, umfasst den Grossen Ywenwerder und schliesst ab an dem Abzugsgraben Nr. 40. Der III. Schlag beginnt an dem Abzugsgraben No. 40, umfasst den Kleinen Ywenwerder und wird durch die Gräben Nr. 41 und 53 begrenzt". Auf einer Zeichnung von dem ehemaligen Thielenguter Forst-Dienstlande, welche dem Ministerial-Erlass vom 9. März 1854 beiliegt, ist ein Theil der Rieselwiesen als „Grosse Ywen-Ringe" bezeichnet[4]).

Mit dem Zurückweichen des Grundwassers in gewissen Gegenden steht übrigens theilweise auch eine andere Erscheinung, nämlich die Schwächung des Kiefernwuchses in Verbindung, und diese leistet wiederum der Ausbreitung des Maikäfers Vorschub, wie die ausgedehnten örtlichen Studien beweisen, welche Herr Regierungs- und Forstrath Feddersen (a. a. O.) im Auftrage des Ministe-

---

[1] Feddersen. Die Kiefer und der Maikäfer im Forstmeisterbezirk Marienwerder-Clachr. 1889/90). S. 24.
[2] Der Wohnsitz des Försters hiess Thielengut, der Schutzbezirk Eickfier.
[3] Die Jagen-Nummern stimmen mit der Karte von 1838 überein; die dort bezeichneten Bruchflächen sind jetzt Rieselwiesen.

[4] Angesichts dieser alten Bezeichnung erhielt auch das im Jahre 1860 neu erbaute Wiesenmeister-Etablissement den Namen „Iwenwerder". Sechs Jahre später wurde die Function dieses Wiesenmeisters mit der Försterstelle zu Eickfier vereinigt, und dann der Name in Ibenwerder umgewandelt, wonach auch der Schutzbezirk benannt ist.

rium für Landwirthschaft. Domänen und Forsten über das Vorkommen der Maikäferschäden in den Kiefernbeständen der Regierungs-Bezirke Königsberg, Gumbinnen, Marienwerder und Frankfurt a. O. angestellt hat.

Ferner hielt die Eibe Schatten und gedeiht im Allgemeinen nur da, wo sie von den Kronen grösserer Bäume überragt wird. Dies steht in ursächlichem Zusammenhang mit dem erstgenannten Punkt, denn wo ein hochgewölbtes Laubdach die unmittelbare Einwirkung der Sonnenstrahlen auf den Boden mildert, erhält sich dieser frischer als anderswo. Das allmähliche Schwinden des einstigen Urwaldes und die Einführung einer regelmässigen Forstwirthschaft hat das Gedeihen der Eibe erheblich benachtheiligt, und seit dem Inkrafttreten des neuen Wirthschaftsbetriebes ist sie überhaupt auf den Aussterbe-Etat gesetzt. Während früher fast allgemein die Planterwirthschaft herrschte, d. h. nur einzelne grosse Bäume herausgeschlagen wurden, ist im Jahre 1840 die Kahlschlagwirthschaft bei uns eingeführt. Ausnahmsweise wird jetzt nur noch im Zieslunsch geplänkert, um die dortigen Eiben zu schonen und zu erhalten. In den anderen Fällen werden sie zumeist mit dem Schlage abgetrieben, und ich habe oben beispielsweise erwähnt, dass im Schutzbezirk Wygoda auch ein 3 m hoher Eibenbaum von der Axt nicht verschont geblieben ist. In denjenigen Fällen, in welchen die Eiben nicht abgetrieben werden, sondern einzeln stehen bleiben, wie z. B. in Georgenhütte, werden sie in Folge dieser plötzlichen Freistellung geschädigt und gehen allmählich ein. Anders verhält es sich, sofern die Pflanze schon ein höheres Alter und daher auch eine grössere Widerstandsfähigkeit erlangt hat, wenn sie der schützenden Umgebung beraubt wird, wie es u. a. mit den beiden Bäumen in Mieschutschin der Fall gewesen ist. Ebenso kann sich auch die Eibe, falls ihr Untergrund feucht gehalten wird, von Jugend auf an eine isolirte Stellung gewöhnen, wie wir es in unseren Gärten und Parkanlagen zu beobachten vielfach Gelegenheit haben.

Dazu kommt, dass die Eibe vielseitigen Beschädigungen durch Thiere und Menschen ausgesetzt ist. Es scheint zweifellos zu sein, dass nicht blos junge, sondern auch ältere Pflanzen vom Wild und Vieh angegangen werden, denn ich habe in fast allen Revieren, wo *Taxus* überhaupt vorhanden ist, solche Exemplare angetroffen, die auch nach dem übereinstimmenden Urtheil der Forstaufsichtsbeamten stark verbissen waren. Ueberdies finden sich in der Literatur, z. B. in der angeführten Druckschrift von Patze-Meyer-Elkan, weitere Belege für die Richtigkeit dieser Ansicht. Es ist auffallend, dass die Eibe von Wild und Vieh angegangen wird, da sie in manchen ihrer Organe ein wirksames Alkaloid enthält, wie oben (S. 58) mitgetheilt wurde. Wahrscheinlich übt sie vermöge ihrer Seltenheit, sowie durch ihre eigenartigen Blätter und Früchte, auf Thiere und Menschen einen besonderen Reiz aus; denn es ist eine bekannte Erfahrung, dass angepflanzte fremde Holzgewächse viel mehr vom Wild verbissen und geschält werden, als die einheimischen.

Was weiter die Beschädigungen der Eiben anlangt, so haben wir gesehen, dass an mehreren Orten die Zweige zur Anfertigung von Todtenkränzen, zum Schmuck der Kirchen und öffentlichen Locale, zum Ausputz von Weihnachtsgebäck etc. verwendet werden. Ferner benützte man das Holz ehedem zur Waffenfabrikation und jetzt noch zu verschiedenen Drechslerarbeiten, zu Mahlstampfen bei Herstellung von Schnupftabak und dgl.; Patze-Meyer-Elkan berichtet schon, dass der Mensch hier alten Eibenstämmen nachstellt[1]). Endlich hat die Pflanze auch in der Volksmedicin mehrfach Anwendung gefunden, und schon vor hundert Jahren wurde hierin die Hauptursache des Rückganges von *Taxus* in unserem Gebiet erkannt[2]). So geringfügig diese Beschädigungen in jedem einzelnen Falle sein mögen,

---

[1]) C. Patze, E. Meyer und L. Elkan. Flora der Provinz Preussen. Königsberg 1850 S. 119.
[2]) F. S. Bock. Versuch einer wirthschaftlichen Naturgeschichte von dem Königreich Ost- und Westpreussen. III. Band. Dessau 1783. S. 228.

so ist die Gesammtheit derselben, angesichts der meist kleinen Horste, nicht ohne Belang für der Eiben ferneres Gedeihen. Was die Verarbeitung des Holzes betrifft, so werden gewöhnlich wohl alte Stubben gewählt, indessen ist es keineswegs ausgeschlossen, dass hier oder da auch ein noch lebensfähiger Stock verarbeitet wird.

Wenden wir uns jetzt zur Betrachtung derjenigen Momente, welche die Propagation der Species überhaupt erschweren. Die Pflanzen im Allgemeinen vermehren sich in zwiefacher Weise, auf geschlechtlichem Wege, durch Samen, und auf ungeschlechtlichem Wege, durch Adventivknospen. Die Eibe besitzt nun getrennt geschlechtige Blüten, und es konnte vorkommen, dass ein ganzer Horst nur männliche und ein anderer nur weibliche Exemplare aufweist. Bei dieser räumlichen Trennung der Geschlechter mag die Befruchtung nicht so regelmässig erfolgen, als in den meisten anderen Fällen, wo die Pflanzen Zwitterblüten tragen. Ferner entbehren die Samen, zur leichteren Verbreitung, eines Flugapparates, wie ihn die meisten anderen Coniferen besitzen, vielmehr werden sie von einer becherartigen Hülle umschlossen, die allerdings durch ihre schöne rothe Farbe, sowie durch ihren süsslichen Geschmack ein Lockmittel für Vögel abgiebt. Wenn auch von manchen Seiten behauptet wird, dass diese Samenhüllen, von keinem Vogel gefressen werden[2]), so ist doch zweifellos, dass die Schwarzdrossel, *Turdus merula* L., die Eibenbeeren annimmt. W. Marshall erzählt, dass er im Schlossgarten zu Altenburg die Amseln in ganzen Schaaren die *Taxus*-Sträucher plündern sah[2]), und Altum bestätigte mir brieflich, dass „*Turdus merula* in den Gärten die reifen Beeren der Eibe verzehrt und durch Auswerfen der Gewölle ohne Zweifel,

---

[1] C. Seehaus. Ist die Eibe ein norddeutscher Baum? Botanische Zeitung. XX. Jahrg. 1862. S. 39. — M. Willkomm, Forstliche Flora. Leipzig 1887. S. 277. — B. Langkavel. Der Eibenbaum. Die Natur, 41. Jahrg. Halle a./S. 1892. S. 55. u. a. m.

[2] Will. Marshall. Spaziergänge eines Naturforschers. Leipzig 1888. S. 185.

wie Epheu etc., auch *Taxus* verbreitet." Da von einigen Forschern bestritten ist, dass aus den mit dem Koth abgesetzten Samen wirklich Keimlinge hervorspriessen können, hat A. von Kerner den Weg des Experimentes beschritten, um eine endgültige Lösung der Frage herbeizuführen. Er theilt in seinem neuesten Prachtwerke[1]) mit, dass er verschiedene Thiere mit ausgewählten Früchten und Samen gefüttert und dann untersucht hat, ob die Keimlinge, nachdem sie den Darmcanal der Thiere passirt haben, noch lebensfähig sind. Unter den verschiedenen Vögeln „zeigte sich die Amsel in Betreff der Nahrung am wenigsten wählerisch; sie verschlang selbst die Früchte der Eibe, ohne die Kerne wieder aus dem Kropf auszuwerfen, und lehnte überhaupt keine einzige ihrem Futter beigemengte Frucht ab." Ich verdanke Herrn Hofrath von Kerner auch einen Einblick in sein über die Fütterungsversuche geführtes, bisher unveröffentlichtes Tagebuch, worin es heisst: „1873; 4. October. Amsel II. mit den Früchten von *Taxus baccata* gefüttert. Die Samenkerne nicht ausgeworfen. Mit den Excrementen abgegangen am 5. October. Diese Samen gekeimt in der zweiten Hälfte des Juni 1874." In Aufzeichnungen aus älterer Zeit fand der genannte Forscher die Notiz, dass an dem Gneisfelsen über der Ruine Dürenstein im niederösterreichischen Donauthal in dem dort abgesetzten Koth der Amseln Samenkerne von Eiben vorhanden waren. Ferner sei darauf hingewiesen, dass der Samen, aus welchem sich die junge Pflanze auf der Mauer des Herrenhauses in Lowinek, Kreis Schwetz, entwickelt hat (vgl. S. 28), auch wohl durch einen Vogel dorthin gelangt ist. Obschon es hiernach nicht fraglich erscheinen kann, dass Amseln zur Verbreitung der Pflanze beitragen, ist immerhin zu bemerken, dass sie in unserem Gebiete nicht überall häufig sind und überdies im Herbst theilweise fortziehen. Ob noch andere Vögel betheiligt sind, entzieht sich meiner Kenntniss.

---

[1] Anton Kerner von Marilaun. Pflanzenleben II. Band. Leipzig und Wien 1891. S. 789.

O. Kirchner[1]) giebt zwar an, dass die Samen der Eibe auch von *Motacilla*-Arten gefressen und verbreitet werden, jedoch ist diese Notiz nach Auskunft des Verfassers einem Aufsatz E. Huth's[2]) entnommen, der diese Angabe in seiner späteren, ausführlichen Publication[3]) nicht wieder erwähnt hat.

Endlich ist zu berücksichtigen, dass nach Ansicht einiger Autoren der Samen, wenn er gleich nach der Reife in die Erde gebracht wird, gewöhnlich erst im zweiten Jahre zu keimen pflegt; überwinterte Samen sollen sogar 3 bis 4 Jahre im Boden liegen, bevor sie keimen[4]).

Ausser auf reproductivem, kann sich die Eibe auch auf vegetativem Wege fortpflanzen, denn sie besitzt ja in hohem Grade die Fähigkeit, Adventivknospen an Stamm und Stock zu bilden. Ausserdem beobachtete ich einmal die Bildung von Adventivwurzeln an den untersten Aesten einer Eibe (im Garten), und ich wies schon oben darauf hin, dass auf diese Weise auch eine Art Verjüngung der Eibenhorste erfolgen konnte. In früherer Zeit, zumal im jungfräulichen Urwald, als die Krone der Eiben wohl oft bis zum Boden hinabreichte, und als noch der frische Untergrund allgemeiner vorhanden war, mag in der That jener Fall eingetreten sein; in der Gegenwart kommt aber diese Art der Vermehrung, wenigstens für unser Gebiet, nicht mehr in Betracht.

Aus Vorstehendem ergiebt sich, dass namentlich in folgenden örtlichen Vorgängen die Ursache zu suchen ist, weshalb *Taxus* jetzt nicht mehr die Bedingungen zu einem freudigen Gedeihen hier findet. Einmal in den Meliorirungen im weiteren Sinne, in der partiellen oder totalen Vernichtung von Privatwaldungen und in der strengen Durchführung des Kahlschlages in allen fiscalischen Forsten. Hierdurch geht die Bodenfeuchtigkeit immer mehr zurück, welche besonders zum Fortkommen der Eiben unerlässlich ist. Sodann in den zahlreichen Beschädigungen Seitens der Menschen und Thiere, wodurch Krüppelformen hervorgerufen werden, die wenig widerstandsfähig sind und auch selten Früchte zur Reife bringen. Dazu kommt, dass die Verbreitung der Species an sich erschwert ist, weil ihre Samen nur selten von Thieren angenommen werden und überdies längere Zeit zum Keimen brauchen.

Der Rückgangsprocess vollzieht sich nicht gleichmässig an allen Standorten, sondern hier rascher als dort, aber er lässt sich mit Sicherheit überall nachweisen. Derselbe beschränkt sich auch nicht etwa auf Westpreussen, sondern ist ebenso in anderen Ländern erkennbar, wie wir in der Einleitung gesehen haben. Die Eibe ist daher eine alternde Baumart, deren Aussterben im Einzelnen wohl aufgehalten, im grossen Ganzen aber nicht mehr verhindert werden kann. Sie unterliegt demselben Schicksal, welches schon vor ihr unzählige Pflanzen und Thiere getheilt haben, und welchem auch nach ihr noch viele andere Species erliegen werden. Beispielsweise der Biber und braune Bär, Elch und Ren, Ur und Wisent waren einst gleichberechtigte Bürger der Thierwelt unserer Provinz[1]), sind aber heute nicht mehr lebend in derselben anzutreffen; die meisten sind sogar aus Deutschland verschwunden. Der Bär, *Ursus arctos* L., findet sich noch in einzelnen Gegenden Ungarns und der Biber, *Castor Fiber* L., hat sich in einem Theil der Elbe

---

[1] O. Kirchner. Flora von Stuttgart und Umgebung. Stuttgart 1888. S. 48.
[2] E. Huth. Die Anpassungen der Pflanzen an die Verbreitung durch Thiere. Kosmos. V. Stuttgart 1881. S. 273 ff.
[3] E. Huth. Die Verbreitung der Pflanzen durch die Excremente der Thiere. Sammlung naturwissenschaftlicher Vorträge von Dr. Ernst Huth. III. Band. 1. Heft. Berlin 1889. S. 35.
[4] Willkomm. Forstliche Flora. Leipzig 1887. S. 263. — In dem von Kerner angestellten, oben mitgetheilten Versuch keimten die Eibensamen, nachdem sie den Darmcanal passirt hatten, schon nach 8½ Monaten.

[1] In jüngeren Ablagerungen, vornehmlich im Torf und Wiesenmergel, werden nicht selten fossile Reste dieser Thiere, zum Theil zusammen mit vorgeschichtlichen Artefacten, aufgefunden. Das hiesige Provinzial-Museum besitzt solche Fossilien in grösserer Anzahl von verschiedenen Oertlichkeiten in Westpreussen.

sowie im Gebiet der Donau gehalten. Der Elch, *Alces palmatus* Gray, wird in Ihenhorst Ostpr. in wenigen Exemplaren gehegt, und das Ren hat sich vom europäischen Continent ganz zurückgezogen und erscheint erst wieder in der geographischen Breite von Christiania. Der Ur, *Bos primigenius* Boj., welcher noch zur Zeit der Nibelungen hier lebte, ist jetzt völlig ausgestorben, und den Wisent, *Bos priscus* Boj., trifft man wild noch in Russisch-Polen und im Kaukasus an. Die Zahl dieser bekannteren Thierarten, welche grösstentheils erst in geschichtlicher Zeit aus unserem Gebiet gewichen sind, konnte durch weitere Beispiele beliebig vermehrt werden. Es ist das allgemeine Loos der Glieder der organischen Welt, nachdem sie das Maximum ihrer Ausbreitung erreicht haben, allmählich wieder zurückzugehen und endlich ganz auszusterben, wenn die Bedingungen zu einem freudigen Gedeihen für sie nicht mehr erfüllt sind. Hierdurch wird auch in der anscheinend constanten Pflanzendecke der Erde eine andauernde Bewegung und ein ewiger Wechsel hervorgerufen: ein Vorgang, der bisweilen schon innerhalb kleinerer Zeiträume zum sichtbaren Ausdruck gelangt.

-+-+-+-+-

E. Vorschläge zur örtlichen Erhaltung.

Indem wir vorstehend die Ursachen des Rückganges der Eibe in Westpreussen kennen gelernt haben, sind gleichzeitig die Wege gewiesen, wie demselben örtlich zu begegnen wäre. Vor Allem gilt es die forst- und landwirthschaftlichen Meliorirungen in der Nähe der Eiben-Standorte thunlichst einzuschränken, um diesen ihre Bodenfrische zu erhalten bezw. wieder zuzuführen; ob und auf welche Weise dieses geschehen kann, muss in jedem einzelnen Falle der technischen Entscheidung vorbehalten bleiben. Neuerdings droht dem Ziesbusch dadurch eine Gefahr, dass die Colonisten von Eibenhorst, sowie die Bauern von Blondzmin und der Besitzer von Ebensee, die Bildung einer Entwässerungs-Genossenschaft planen, welche in erster Linie die Senkung des Wasserspiegels des Mukrz-, Blondzmin- und Eben-Sees ausführen würde. Hinsichtlich der Wirkung dieser Entwässerung besteht eine Verschiedenheit der Ansicht zwischen dem Meliorationstechniker und den Vertretern der Königlichen Forstverwaltung. Ersterer behauptet, dass der Wasserspiegel des Mukrz-Sees in neuerer Zeit sich gehoben habe, und dass durch eine Senkung desselben um 0,5 m nur der frühere Zustand hergestellt werden würde. Die Senkung ist nach seiner Meinung dringend nothwendig und bringt nur Nutzen. Dagegen ist von den Vertretern der Forstverwaltung der Nachweis erbracht, dass sich der Seespiegel in den letzten 70 Jahren nicht gehoben, sondern gesenkt hat. Durch die gedachte weitere Senkung würde nicht allein die Ertragsfähigkeit des Kiefernbodens auf grossen Flächen der Oberförsterei Lin-

denbusch vermindert, sondern namentlich auch der Ziesbusch in grosse Gefahr gebracht werden. Die Senkung des Seespiegels würde zunächst eine Abnahme der Bodenfeuchtigkeit und weiterhin ein Zurückgehen der Eiben zur Folge haben. Wenngleich nicht zu befürchten ist, dass sie a tempo absterben, so würden sie doch nicht mehr die Hauptbedingung zu einem freudigen Gedeihen finden und voraussichtlich allmählich, aber sicher, ihrem Ende entgegengehen. Daher ist zu wünschen, dass die Entscheidung zu Ungunsten des erwähnten Projectes ausfallen möchte, damit dieser grösste und schönste Eibenhorst, welcher überdies noch ein Stück ursprünglichen Waldes aus Deutschlands Vorzeit darstellt, thunlichst ungeschwächt der Nachwelt erhalten bleibe.

Ferner kann *Taxus* die plötzliche Freistellung nicht vertragen, wohl hauptsächlich aus dem Grunde, weil hierdurch auch die Bodenfrische örtlich zurückgeht. Daher ist dringend zu wünschen, dass in denjenigen Beständen, in welchen Eiben vorkommen, die ehemalige Plänterwirthschaft wieder eingeführt werde. In wieweit sich die hierdurch bedingte Abänderung des Betriebsplanes mit den practischen Interessen der Forstwirthschaft vereinigen lässt, entzieht sich zwar meiner Beurtheilung, jedoch meine ich, dass grosse Schwierigkeiten deshalb nicht erwachsen können, weil es sich nur um sehr wenige, kleinere Gebiete in der Provinz handelt.

Endlich ist es nothwendig, dass die Beschädigungen der Eiben möglichst verhütet werden. Die Weideberechtigungen, welche lange Zeit existirt haben, sind jetzt wohl überall abgelöst, dagegen wird noch das Vieh der Waldarbeiter eingemiethet. Es ist wünschenswerth, dass die Eibenorte von dem Weidegang verschont bleiben, zumal im Allgemeinen der aus der Weideberechtigung resultirende Vortheil in keinem Verhältniss zu dem vom Vieh in der Forst angerichteten Schaden steht.

Im Uebrigen müsste die Eibe überhaupt eine grössere Beachtung und einen wirksameren Schutz bei dem Forstaufsichtspersonal finden. *Taxus baccata* L. ist eine Pflanze, deren Bekanntschaft wohl bei jedem Oberförster und Förster vorausgesetzt werden kann, und ich habe auch nicht Gelegenheit gehabt, gegentheilige Erfahrung in der Provinz zu machen. Um so mehr überraschte es mich, dass bisweilen Eibensträucher vom Oberförster oder Förster, die schon seit Jahren im Revier lebten, übersehen waren. In einigen Fällen wurden die Pflanzen erst in Folge der durch den Herrn Oberpräsidenten bewirkten Enquete entdeckt, und in anderen Fällen habe ich später zufällig auf Dienstreisen die Eibensträucher aufgefunden oder bin durch Andere auf dieselben aufmerksam geworden. *Taxus* kommt ja oft an ganz entlegenen Stellen, überdies in sehr verkümmerten Exemplaren vor, und hieraus mag es sich erklären, dass sie hier und da unbeachtet geblieben ist. Wenn aber dieser Waldbaum garnicht bekannt ist, kann er natürlich auch nicht geschützt werden, und aus diesem Grunde empfiehlt es sich vielleicht, dass er künftighin auf den Wirthschaftskarten der Forstbeamten bezeichnet wird.

Was nun den der Eibe zugesagten Schutz anlangt, so sollen angeblich überall die vorhandenen Eiben geschont werden, und Pannewitz sagt bereits im Jahre 1829, dass *Taxus* bei Lindenbusch „seit den letzten Jahren streng geschont wird". Wenn wir uns aber im Leben umsehen, finden wir bisweilen doch eine abweichende Auffassung Platz greifen. Beispielsweise ging dem Provinzial-Museum im Herbst 1890 ein Eibenstamm-Abschnitt zu, welcher in dem aufgearbeiteten Holz eines Behaufes in der Provinz aufgefunden war, und auch in Wygoda, sowie an anderen Orten, sind nachweislich noch in den letzten Jahren lebende Eibenbäume gefällt worden. Diese Thatsachen beweisen zur Genüge, dass ein hinreichender Schutz unserer Pflanze nicht überall zu Theil wird.

Von den oben angeführten Standorten befinden sich nur zwei (Miechutschin, Lubianen) im Bauernbesitz, und alle übrigen liegen auf fiscalischem Gelände. Daher richtet sich die Bitte um Erhaltung der Eibe unmittelbar an die Königliche Staatsregierung. Falls hier die Geneigtheit besteht, besondere Massregeln zum Schutz derselben in Erwägung zu ziehen, würden solche nicht auf Westpreussen zu beschränken, sondern auf den ganzen Staat auszudehnen sein. Aus diesem Grunde bleibt zu wünschen, dass vorher die hier planmässig begonnenen Untersuchungen in den anderen Provinzen fortgesetzt würden, damit man eine Gesammt-Uebersicht des Vorkommens und der Verbreitung der Eibe im preussischen Staat gewonne. Ich habe von vornherein die vorliegenden Mittheilungen als Vorarbeit zu einer umfassenden Behandlung dieses Gegenstandes hingestellt und ich wünsche, dass letztere in Bälde von der einen oder anderen Seite zur Ausführung gelangen möchte. Nachdem diese Voruntersuchung geschehen, wäre es Aufgabe der Forstverwaltung, Mittel und Wege zu finden, um nicht nur einzelnen ausgezeichneten Individuen, sondern thunlichst den ganzen Eibenhorsten einen kräftigen Schutz zu gewähren.

Wenn auch die Eiben eine forstliche Bedeutung nicht besitzen, nehmen sie immerhin als Relicten deutscher Urwälder ein hervorragendes Interesse für sich in Anspruch. In unserer Zeit, wo man allen früh- und vorgeschichtlichen Kunst- und Bau-Denkmälern mit Recht eine sorgsame Pflege angedeihen lässt, dürfte es wohl angezeigt sein, auch die lebenden Zeugen einer längst entschwundenen Zeit zu schonen und zu erhalten. In dieser Hinsicht nimmt aber die Eibe die erste Stelle ein, weil sie ein so hohes Lebensalter erreicht, und mit so raschen Schritten ihrem Ende entgegen geht, wie kein anderer Waldbaum in Deutschland und Europa. Dazu kommt, dass sie mit Geschichte und Sage auf das Engste verknüpft ist und auch im Gemüts- leben des Volkes eine Stelle gefunden hat. Daher möge die Eibe noch lange unserer Flora erhalten bleiben und nicht früher ihrem Schicksal unterliegen, als die unveränder- lichen Naturgesetze es fordern.